云南省水利水电职业教育实训教材

松华坝水库实习指南

主　编　耿鸿江
副主编　黄恩相
主　审　刘建林　杨　坚

黄河水利出版社
·郑　州·

内 容 提 要

本书是根据云南省水利水电学校、云南水利水电职业学院（筹）水工、水电专业的教学及实训计划编写的实训指导书，是云南省水利水电职业教育实训教材之一。

本书包含两大部分：第一部分介绍了水利水电工程规划与设计阶段的划分、设计任务以及水库枢纽设计等内容；以松华坝水库为实例，介绍了松华坝水库概况，松华坝水库主要枢纽工程，松华坝水库运行管理和松华坝水库水土流失及污染综合整治，水库枢纽的部分主要建筑物特征，水库管理的一般要求等内容。第二部分介绍了松华坝水电站电气设备，厂用电及自动励磁调节，同期装置和机组自动化系统等。

本书主要供水利水电类大中专院校学生及相关专业的技术人员学习参考。

图书在版编目(CIP)数据

松华坝水库实习指南/耿鸿江主编. —郑州：黄河水利出版社,2014.11

ISBN 978 – 7 – 5509 – 0979 – 3

Ⅰ. ①松…　Ⅱ. ①耿…　Ⅲ. ①水库 – 教育实习 – 昆明市 – 中等专业学校 – 教材　Ⅳ. ①TV632.741

中国版本图书馆 CIP 数据核字(2014)第 277061 号

组稿编辑：王路平　电话：0371 – 66022212　E-mail：hhslwlp@163.com

出　版　社：黄河水利出版社

地址：河南省郑州市顺河路黄委会综合楼 14 层　邮政编码：450003

发行单位：黄河水利出版社

发行部电话：0371 – 66026940、66020550、66028024、66022620(传真)

E-mail：hhslcbs@126.com

承印单位：河南承创印务有限公司

开本：787 mm × 1 092 mm　1/16

印张：6

字数：140 千字　　　　　　　　　印数：1—3 600

版次：2015 年 2 月第 1 版　　　　印次：2015 年 2 月第 1 次印刷

定价：12.00 元

前 言

  本书是根据云南省水利水电学校、云南水利水电职业学院(筹)水工、水电专业的教学及实训计划编写的实训指导书,是云南省水利水电职业教育实训教材之一。

  本书包含两大部分:第一部分介绍了水利水电工程规划与设计阶段的划分、设计任务以及水库枢纽设计等内容;以松华坝水库为实例,介绍了松华坝水库概况,松华坝水库主要枢纽工程,松华坝水库运行管理和松华坝水库水土流失及污染综合整治,水库枢纽的部分主要建筑物特征,水库管理的一般要求等内容。第二部分介绍了松华坝水电站电气设备,厂用电及自动励磁调节,同期装置和机组自动化系统等。

  本书主要供水利水电类大中专院校学生及相关专业的技术人员学习参考。

  本书由云南省水利水电学校主持编写工作,编写人员及编写分工如下:第一章第一、二、四~七节,第二章第一、三、四节由张利平编写;第一章第三节,第二章第二、五节,第三章、第六章、第七章由肖永丽编写;第四章第一~六节及第五章第一、二节由汪洋编写;第四章第七~九节由张绍春编写;第五章第三~七节由郑川江编写;CAD 电气图由黄恩相绘制完成;CAD 水工图由云南省水利水电勘测设计研究院曹世惠提供。本书由耿鸿江担任主编,黄恩相担任副主编,由耿鸿江和黄恩相策划、统稿和编辑整理;由刘建林、杨坚担任主审。

  本书编写过程中得到了唐朝栋、范爱贞的关心和支持,在此,编者向他们表示衷心的感谢!

  由于编者水平有限,不妥和错误之处在所难免,敬请读者不吝赐教。

编 者

2014 年 10 月

目　录

前　言
第一章　水利水电工程基本知识 ···································· （1）
　　第一节　云南水利水电概况 ···································· （1）
　　第二节　水利工程建设程序 ···································· （3）
　　第三节　水利水电工程设计的任务和内容 ························ （4）
　　第四节　水库特征水位与库容 ·································· （5）
　　第五节　水库枢纽设计 ·· （7）
　　第六节　水库工程概述 ·· （9）
　　第七节　水电站概述 ·· （16）
第二章　松华坝水库概况 ·· （19）
　　第一节　概　述 ·· （19）
　　第二节　气象及水文调查 ······································ （19）
　　第三节　工程地质条件 ·· （22）
　　第四节　水库建设与加固扩建 ·································· （28）
　　第五节　水库枢纽布置及特征参数 ······························ （30）
第三章　松华坝水库主要枢纽工程 ·································· （34）
　　第一节　主　坝 ·· （34）
　　第二节　副　坝 ·· （35）
　　第三节　泄洪隧洞 ·· （36）
　　第四节　输水隧洞 ·· （37）
　　第五节　溢洪道 ·· （38）
　　第六节　水电站 ·· （39）
第四章　松华坝电站的电气设备 ···································· （41）
　　第一节　电气主接线 ·· （41）
　　第二节　电气设备的选择 ······································ （42）
　　第三节　电气设备布置 ·· （43）
　　第四节　防雷与接地装置布置 ·································· （43）
　　第五节　厂用电接线 ·· （44）
　　第六节　厂用电系统事故处理 ·································· （45）
　　第七节　直流电源 ·· （45）
　　第八节　测量表计 ·· （46）
　　第九节　信号监测 ·· （47）

第五章　松华坝电站自动控制 ···（48）

　　第一节　电站继电保护的配置 ·······································（48）

　　第二节　发电机自动励磁调节系统 ···································（50）

　　第三节　蝴蝶阀的自动操作系统 ·····································（51）

　　第四节　机组的自动操作系统 ·······································（51）

　　第五节　机组附属设备和全厂共用设备的自动操作 ···············（53）

　　第六节　同期方式 ···（54）

　　第七节　发电机的升压并列及解列操作 ·····························（55）

第六章　松华坝水库运行管理 ···（58）

　　第一节　水库管理 ···（58）

　　第二节　观　　测 ···（60）

　　第三节　水源现状 ···（61）

第七章　松华坝水库水土流失及污染综合整治 ·······················（62）

　　第一节　水土流失及污染情况 ·······································（62）

　　第二节　综合治理措施及工程布局 ···································（62）

附　录 ···（66）

　　附录1　昆明市水利工程管理条例 ···································（66）

　　附录2　昆明市松华坝水库保护条例 ·································（70）

附　图 ···（74）

第一章　水利水电工程基本知识

第一节　云南水利水电概况

一、水资源和水利水电发展现状

云南境内河流众多,水量充沛,水能资源丰富,径流面积为在 100 km² 以上的河流有 908 条,分属长江(金沙江)、珠江、红河、澜沧江、怒江和依洛瓦底江六大水系。全省平均降水量 1 258 mm,常年自产水资源量 2 210 亿 m³(其中地下水 771.5 亿 m³),居全国第三位,过境水量多年平均 1 943 亿 m³;水能资源理论蕴藏量 10 367 万 kW,居全国第三位;可开发水能资源装机容量 8 916 万 kW,可开发率 86%,居全国第二位。有高原湖泊 40 多个,总容水量 290 亿 m³,多分布在元江以东、云岭山地以南,其中湖泊水面面积 30 km² 以上的有滇池、洱海、抚仙湖、程海、泸沽湖、异龙湖、杞麓湖、阳宗海等"九大高原湖泊"。由于云南处于低纬高原,干湿季节分明、时空分布不均,气候类型多样、垂直变化显著,冬春容易发生影响范围较广的自然灾害,夏秋暴雨时常带来洪涝灾害和水土流失,加之横断山脉的深度切割,海拔高差悬殊,地形地貌复杂,尽管水资源总量相对较多、人均占有量较高,但"人在高处住,水在低处流",水资源的开发难度很大,利用程度较低,使水资源分布与人口、土地、矿产等生产要素匹配不良,存在资源性缺水、工程性缺水和水质性缺水,其中以工程性缺水最为突出。

新中国成立后,特别是改革开放以来,云南省始终把水利建设作为经济社会发展的大事来抓,动员广大人民群众大规模兴修水利,突出重点优先发展民生工程,建成了一大批重要水利设施,为全省经济社会发展、人民安居乐业作出突出贡献。以"润滇工程"为代表的水源工程建设取得重大突破,全省已建成 5 575 座水库,蓄水库容达 111 亿 m³,水利工程年供水能力达 157 亿 m³,水资源开发利用率达 7%,农田有效灌溉面积占全省耕地总面积的 38%,已累计解决农村 2 461 万人饮水安全问题;中低产田地改造、山区"五小水利"工程建设取得显著成效,高稳产农田达 200 多万 hm²;建成鲁布革、漫湾、大朝山、小湾等一批水电站,水电支柱产业初具规模;以滇池为重点的九大高原湖泊水污染综合防治和"七彩云南保护行动"不断推进,生态文明建设取得新的成效;水资源节约、保护和管理得到加强,水价形成机制、水利工程管理体制、水利投融资体制和农村小型水利工程管理体制等改革取得新的突破。

另据云南电网统计数据,预计到 2015 年,云南水电总装机规模将达到 6 462 万 kW,占发电总装机 8 826 万 kW 的 73%,云南的电源建设将真正进入"绿色水电时代",云南将成为新能源示范基地。

尽管云南的水利水电工作在前进中不断取得新的发展,但水利基础设施薄弱的问题还没有从根本上得到解决,水资源的开发程度和利用效率低、节约和保护意识差,治水观念和用水管理还不适应社会主义市场经济和可持续发展的需要,水仍然是制约云南山区经济社会可持续发展的主要因素。

二、云南水利工作面临的新形势

(1)水资源与人口、耕地等经济发展要素极不匹配,占全省土地面积6%的坝区,集中了2/3的人口和1/3的耕地,但水资源量只有全省的5%;滇中重要经济区的人均水资源量仅有700 m³左右,特别是滇池流域不足300 m³,处于极度缺水状态。

(2)水资源时空分布极不均匀,雨季(5~10月)降水量占全年总量的85%,干季(11月至次年4月)降水量仅占全年总量的15%,加之全省94%的国土面积为山区和高原,无雨就旱、有雨则涝,水旱灾害常常交替发生,久旱之后突然发生大洪水,旱涝急转、涝中有旱相互交替的情况较为突出,且灾害频率高、灾害强度大、持续时间长、受灾范围广、损失程度深,防汛抗旱救灾形势非常严峻。

(3)水生态环境脆弱,水环境承载能力低,防污治污任务重。水土流失面积超过国土面积的1/3;主要河流有近40%的水体严重污染;"九大高原湖泊"中异龙湖、杞麓湖、星云湖、滇池外海和草海常年处于中度、重度污染状态,近一半的湖泊达不到水环境功能要求。据2012年对全省67条河流、9 602 km河段的监测,Ⅳ类以上水质的河长就达2 093 km,占整个监测河长的21.8%。

(4)水利设施薄弱,缺水问题突出。全省水资源开发利用率为7%,比全国平均水平低10%以上。蓄水总库容仅为径流总量的2.26%,且大中型骨干蓄水工程少,抗御自然灾害能力弱。129个县(市、区)有53个大中型水库,占41%;水的现状供需缺口达42亿m³,人均供水能力和用水量分别比全国平均水平低121 m³和130 m³,有70%的县级以上城市水资源不足或严重不足,约30%的城镇集中饮用水源水质不达标。

(5)供水工程不足,供需水矛盾突出。云南省2000年需水197亿m³,可供水量只有130亿m³,缺水67亿m³,农业是缺水的主要部门,遇旱则受灾严重。虽然云南省多年平均水资源可利用量达900.2亿m³,但反映水利调蓄能力的水库库容占总径流量的比值只有0.039(全国平均值为0.099,最高的黄河流域达到0.613)。因此,总的来说现阶段云南以工程性缺水为主。

三、新形势下水利改革发展的目标任务

(一)总体目标

通过加快实施"兴水强滇"战略,从根本上扭转水利制约全省经济社会发展的状况。到2015年,水资源配置和利用水平明显提高,蓄水库容达到138亿m³以上,年供水能力达到188亿m³以上,水资源开发利用率提高到9%;水库干支渠配套基本完善,重点地区、重要城镇供水保障和应急供水能力得到提高,农村饮水安全问题基本解决;万元国内生产总值和万元工业增加值用水量明显降低;农田有效灌溉面积占耕地总面积的50%左右,农业灌溉用水有效利用率明显提高。到2020年,基本建成水资源合理配置和高效利用体系、防洪抗旱减灾体系、水资源保护和河湖健康保障体系,以及有利于水利科学发展

的制度体系。

(二)具体目标

(1)加大水利投入。从 2010 年开始到 2020 年,每年筹集 300 亿元以上资金重点用于水源工程建设。

(2)加快推进水利发展。"十二五"期间,全面完成 100 余件续建重点水源建设任务,新开工 200 件以上重点水源工程;完成 200 万件以上小水窖、小水池、小塘坝、小泵站、小水渠等"五小水利"工程,完成 1 400 万农村人口饮水安全工程建设,基本解决全省农村饮水安全问题;完成 70% 以上的大型灌区和 50% 以上的重点中型灌区骨干工程及 100 个小型灌区续建配套与节水改造,到 2020 年,全面完成 12 个大型、90 个重点中型及一批小型灌区配套和节水改造;完成国家专项规划外的 14 座中型和 251 座小(一)型病险水库除险加固,基本完成 3 420 座小(二)型病险水库除险加固,统筹安排 95 座中型病险水闸除险加固,充分发挥水利工程效益;全省重点中小河流重要河段基本达到国家相应的防洪标准;力争全省水土流失面积占土地总面积比例减少 2%,降到 33% 以下。

(3)全面推进依法治水。加强水利立法工作,建立健全地方水法规体系;全面推进水利综合执法,依法查处违反取用水管理、水资源保护、水土保持、河道管理、水工程管理等领域的违法行为;严格执行水资源论证、取水许可、水工程建设规划同意书、洪水影响评价、水土保持方案等制度。

(4)充分发挥水电站的综合利用效益。统筹兼顾防洪、灌溉、供水、发电、航运、水产养殖等功能,将水电站综合利用统一纳入全省水资源配置管理。已建成、在建水电站根据周边供需水情况补建综合利用输配水工程,拟建水电站审批或核准要统筹考虑充分发挥综合利用效益。全面发挥大中型水电站调节能力强、供水保证率高,以及综合利用输配水工程技术经济指标较优的特点,实施好充分发挥水电站综合利用效益专项规划确定的输配水工程。

(5)实行最严格水资源管理三条红线制度:水资源开发利用控制红线、用水效率控制红线和水功能区限制纳污红线,全面推进节水型社会建设。

(6)大力加强水利队伍建设。切实增强水利勘测设计、建设管理和依法行政能力;支持大专院校、中等职业学校水利类专业建设;对各类水利管理人才、专业技术人才和高技能人才的选拔和引进给予政策支持;加大基层水利干部职工在职教育和继续培训力度。

第二节 水利工程建设程序

现行水利水电基本建设工程一般分为流域规划、项目建议书、可行性研究、工程设计、工程施工准备及施工、生产准备、竣工验收和后评价等八个阶段。

一、流域规划

流域规划是根据流域的水资源及防洪条件,结合国家的长远经济发展规划,提出该流域综合治理和水资源梯级开发方案。

二、项目建议书

项目建议书是在流域规划的基础上,由投资者对准备建设的项目作出轮廓性设想和建议,提出项目建设的必要性、经济性。它是国家基本建设程序中的一个重要阶段,项目建议书被批准后,将作为列入国家中长期经济发展计划和开展可行性研究工作的依据。

三、可行性研究

可行性研究是在项目建议书的基础上,通过勘测、调研等,对拟建项目技术上是否安全可行、经济上是否合理进行科学的分析论证,并提交可行性研究报告和设计任务书。作为项目决策、筹措资金、初步设计等工作的基础和依据。

四、工程设计

工程设计是在可行性研究报告批准后,项目法人选择有相应资质的勘测设计单位,以设计任务书为依据,对项目进行勘测设计,并提交全部设计文件。

五、工程施工准备及施工

初步设计完成后,即可进行施工场地、水、电、路的施工,并同时进行设备采购、主体工程施工招标等准备工作。当准备工作就绪,并经主管部门批准后方可开工兴建。开工后,工程承包单位应严格按承包合同和设计要求施工,确保工程质量,按时完成施工任务。

六、生产准备

在施工过程中,项目法人应根据工程进度,进行生产组织、员工培训、生产技术、生产物资等准备工作,为竣工投产创造条件。

七、竣工验收

竣工验收是在工程试运行且达到设计标准后,由主管部门对其进行全面的检查和考核,满足各项要求后,办理移交手续,交付使用。

八、后评价

后评价是工程项目交付使用一段时间内,对项目立项决策、设计、施工、竣工验收、生产运行等全过程进行系统评估。其评价内容包括影响评价、经济效益评价、过程评价等。

第三节 水利水电工程设计的任务和内容

工程设计是在设计任务书的基础上,根据任务要求和工作深度开展工作。在我国,一般水利水电工程设计可分为初步设计和施工详图设计两个阶段。对较重要的大型工程,因技术条件复杂,常增加技术设计阶段。有时为了尽早开工,提前发挥工程效益,可将技术设计和施工详图设计合并在一个阶段进行,称技施设计。

一般情况下,各设计阶段的设计任务和内容如下。

一、初步设计

初步设计的主要任务是在可行性研究报告和设计任务书的基础上,论证该工程及主要建筑物的等级;选定合理的坝址、枢纽总体布置、主要建筑物型式和控制性尺寸;选择水库的各种特征水位;选择电站的装机容量、电气主接线方式及主要机电设备;提出水库移民安置规划;选择施工导流方案和进行施工组织设计;提出工程总概算;进行技术经济分析和阐明工程效益。该阶段的工作内容和深度可参阅《水利水电工程初步设计报告编制规程》。

二、技术设计

对重要的或技术条件复杂的大型工程,在初步设计后,需增加技术设计。其主要任务是:在更深入细致地调查、勘测和试验研究的基础上,加深初步设计的工作,解决初步设计尚未解决或未完善的具体问题,确定或改进技术方案,编制修正概算。技术设计的项目内容同初步设计,只是更为深入详尽。审批后的技术设计文件和修正概算是建设工程拨款和施工详图设计的依据。

三、施工详图设计

施工详图设计的主要任务是以经过批准的初步设计或技术设计为依据,确定地基处理方案,进行处理措施设计;对各建筑物进行结构及细部构造设计,并绘制施工详图;进行施工总体布置及确定施工方法,编制施工进度计划和施工图预算等。施工详图是施工的依据,施工图预算是工程承包或工程结算的依据。

水利工程的兴建必须遵循先勘测、再设计、后施工的建设程序。在规划、设计工作之前,应进行必需的调查和勘测,以便为设计提供准确、可靠的依据,确保设计和施工的顺利进行。勘测调查工作的内容、范围和精度与工程规模、自然条件的复杂程度以及设计阶段相对应,随着设计阶段的深入,勘测工作也应逐步深入,以勘测资料的精度及范围能满足不同设计阶段的要求为准则。

第四节　水库特征水位与库容

一、死水位与死库容

水库正常运用情况下,允许消落的最低水位,称为死水位。死水位以下的库容称为死库容($V_{死}$)或垫底库容。死库容除遇特殊干旱年份外,一般是不能动用的。

二、正常蓄水位和兴利库容

水库正常运用情况下,为满足设计兴利要求,在供水期开始时应蓄到的水位,称正常蓄水位。正常蓄水位与死水位之间的库容称兴利库容($V_{兴}$)。正常蓄水位与死水位之间的深度称消落深度。当水库溢洪道无闸门控制时,溢洪道堰顶高程即为正常蓄水位;当水库溢洪道有闸门控制时,理论上,闸门关闭时的门顶高程即为正常蓄水位,但实际上,门顶高程略高于正常蓄水位。水库特征水位与特征库容如图1-1所示。

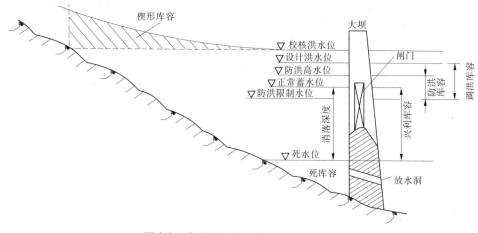

图1-1　水库特征水位与特征库容示意图

三、防洪特征水位和防洪特征库容

所谓防洪特征水位和防洪特征库容,是指与水库水调节有关的相应水位和相应库容。它包括防洪限制水位、防洪高水位、设计洪水位、校核洪水位和相应的防洪库容与调洪库容。

防洪限制水位,简称汛限水位。它是汛期水来临前允许兴利蓄水的上限水位。该水位以上的库容,只有在发生洪水时,才允许作为滞蓄洪水使用。在整个汛期当中,一旦入库的洪水消退,水库就应尽快泄流,使库水位再回到汛限水位。在溢洪道设闸的情况下,为了利用部分兴利库容容纳洪水,并在汛末有利于拦蓄洪水的退水量以蓄满兴利库容,汛限水位往往在正常蓄水位以下选择。汛限水位与正常蓄水位之间的库容,可兼作兴利与防洪之用,称为结合库容($V_{结}$)。

防洪高水位,是指在水库下游有防洪要求时,水库遇到相应于下游防护对象的设计洪水,按下游安全泄量控制进行洪水调节,坝前达到的最高水位。它与汛限水位之间的库容称为防洪库容。

设计洪水位,是指当水库遇到枢纽的设计洪水时,水库自汛限水位对该洪水进行调节,正常泄洪设施全部打开,坝前达到的最高水位。它与汛限水位之间的库容,是为调蓄枢纽设计洪水用的,一般称为调洪库容。

校核洪水位,是指当水库遇到枢纽的校核洪水时,水库自汛限水位对该洪水进行调节,正常泄洪设施与非常泄洪设施先后投入运用,在泄流规模有限的情况下,水库水位超过设计洪水位,所达到的坝前最高水位。它与汛限水位之间的库容,是为调蓄枢纽校核洪水用的,一般也称为调洪库容($V_{校调}$)。

在防洪与兴利有部分结合库容的情况下,水库的总库容为校核水位以下的全部容积,

即 $V_总 = V_死 + V_兴 + V_{校调} - V_结$。由设计洪水位和校核洪水位加上各自的风浪高和安全超高,取两者的较大者,即为坝顶高程。

第五节　水库枢纽设计

水库枢纽设计的主要内容有坝址、坝型选择和枢纽布置等。坝址、坝型选择和枢纽布置共同受所在河流(区域)的社会经济和自然条件的制约。

一、坝址、坝型选择

坝址、坝型的选择工作贯穿在各设计阶段之中,并且是逐步深入的。在可行性研究阶段,一般是根据开发任务的要求和地形、地质及施工等条件,初选几个可能筑坝的地段和若干条有代表性的坝轴线,通过枢纽布置进行综合比较,选择其中最有利的地段和相应较好的坝轴线,提出推荐坝址,并在推荐坝址上进行枢纽布置,通过方案比较,初选基本坝型(重力坝、拱坝、土石坝)和初选枢纽布置方式。在初步设计阶段,根据掌握的地质资料,通过技术经济比较,选定最合理的坝轴线,确定坝型及其他建筑物(如溢洪道、输水隧洞等)的型式和主要尺寸,进行枢纽布置。在施工详图阶段,随着地质资料和试验资料的进一步深入与完善,对已确定的坝轴线、坝型和枢纽布置作最后的修改与定案。

坝址、坝型选择和枢纽布置关系密切,不同的坝轴线可选用不同的坝型和枢纽布置,对同一条坝轴线,也可采用几种坝型和枢纽布置方案。在优选坝址、坝型时,一般应考虑以下几个因素。

(一)地形条件

坝址地形条件必须满足开发任务对枢纽布置的要求。一般来说,坝址河谷狭窄,坝轴线短,坝体工程量较小,但河谷太窄则不利于泄水建筑物、发电建筑物、施工导流及施工场地的布置,是否经济应根据枢纽总造价来衡量。通常,河谷两岸有适宜的高度和必需的挡水前缘宽度时,则对枢纽布置有利;对于多泥沙河流及有漂木要求的河道,应注意坝址位置对取水、防沙及漂木是否有利;对于通航河道,还应考虑通航建筑的布置;对坝址上游,希望河谷开阔,争取在淹没损失较小的情况下获得较大库容。

坝址地形条件还应与坝型相互适应,拱坝要求河谷狭窄;土石坝要求河谷宽阔、岸坡平缓,坝址附近或库区内有高程合适的天然山垭口,可供布置河岸式溢洪道,以及坝址附近有开阔的地形,便于布置施工场地。

(二)地质条件

地质条件是建库建坝的基础,是衡量坝址优劣的重要条件之一,同时在某种程度上决定着枢纽工程的结构和投资。在选择坝址、坝型阶段,应摸清各比较方案的区域、库区和建筑物区的地质情况。坚硬完整、无构造缺陷的岩基是最理想的坝基。但天然地基总会存在地质缺陷,可通过妥善的地基处理措施使其达到筑坝的要求。该阶段作为宏观决策,关键是不能疏漏重大地质问题,应对重大地质问题有正确的定性判断,以便决定坝址的取舍或定出防护处理的措施,或在坝型选择和枢纽布置上设法适应坝址的地质条件。

一般情况下,拱坝对两岸坝基地质条件要求较高,重力坝或支墩坝次之,土石坝要求最低,高坝要求较严格,低坝要求较低。坝址选择还必须对区域地质稳定性及库区的渗漏、库岸塌滑、岸坡及山体稳定等地质条件作出评价。

(三)建筑材料

坝址附近应有数量足够、质量符合要求的建筑材料,应便于开采、运输,要求施工期间料场不会被淹没。

(四)施工条件

坝址和坝型选择要考虑易于施工导流、施工交通运输、能源供应及便于布置施工场地。

(五)综合效益及环境影响

对不同坝址要综合考虑防洪、灌溉、发电、通航、过木、城市和工业用水、渔业以及旅游等各部门的经济效益,并考虑兴建水库后,原来的陆相地表和河流型水域变为湖泊型水域,改变了地区自然景观,对自然生态和社会经济产生多方面的环境影响。其有利的方面是发展了水电、灌溉、供水、养殖、旅游等水利事业和消除了洪水灾害、改善了气候条件等。但是,也会带来淹没损失、浸没损失、土壤沼泽化、水库淤积、诱发地震、生态平衡受到破坏以及造成下游冲刷、河床演变等不利影响。虽然水库对环境的不利影响与其社会、经济效益相比是次要的,但处理不当会造成严重的后果,因此在进行水利规划和坝址选择时,必须进行认真研究。

二、枢纽布置

水库枢纽工程一般由拦河坝、溢洪道、输水隧洞组成。有的水库下游还布置有发电厂。

拦河筑坝以形成水库是蓄水枢纽的主要特征。其枢纽组成除拦河坝和泄水建筑物外,还包括输水建筑物、水电站建筑物和过坝建筑物等。枢纽布置主要是研究和确定枢纽中各水工建筑物的相互位置,其涉及泄洪、发电、通航、导流等各项任务,并与坝址、坝型密切相关,应统筹兼顾,认真分析,全面安排,最后通过综合比较,从若干个比较方案中选优。枢纽布置的一般原则如下:

(1)枢纽布置应满足各建筑物在布置上的要求,并应避免运行时相互干扰,确保各建筑物在任何工作条件下都能正常工作。

(2)枢纽布置应同时考虑合理选择施工导流的方式、施工程序和标准,合理选择主要建筑物的施工方法。工程实践证明,在某种情况下,配合得当不仅能方便施工,还能使部分建筑物提前发挥效益(提前蓄水、发电等)。

(3)枢纽布置应做到在满足安全和运用管理要求的前提下,尽量降低枢纽总造价和年运行费用。如有可能,应考虑使一个建筑物能发挥多种作用,应对枢纽建筑物进行优化设计或采用先进的技术、工艺和材料。例如:结合实际条件尽量选用双曲拱坝、堆石面板坝、碾压混凝土坝等新坝型。

(4)枢纽布置应与周围自然环境相协调,因地制宜地将人工环境和自然环境有机地结合起来,创造出一个完美的、多功能的宜人环境。

三、枢纽布置方案的选定

水利枢纽设计最后需通过论证比较,从若干个枢纽布置方案中选出一个最优方案。最优方案应该是技术上先进且可能、经济上合理、施工期短、运行安全可靠以及管理维修方便的方案。方案选择时,主要论证比较的内容有以下几个方面:

(1)主要工程量。如土石方、混凝土和钢筋混凝土、砌石、金属结构、机电安装、帷幕和固结灌浆等工程量。

(2)主要建筑材料用量。如木材、水泥、钢筋、钢材、砂石和炸药等用量。

(3)施工条件。如施工工期、发电日期、施工难易程度、所需劳动力和施工机械化水平等。

(4)运行管理条件。如泄洪、发电、通航是否相互干扰,建筑物及设备的运用操作和检修是否方便,对外交通是否便利等。

(5)经济指标,指总投资、总造价、年运行费用、电站单位千瓦投资、发电成本、灌溉单位面积投资、通航能力、防洪以及供水等综合利用效益等。

(6)其他。根据枢纽具体情况,需专门进行比较的项目。

上述项目有些可以定量计算,有些则难以量化,这就给枢纽布置方案的选定增加了复杂性。因而,必须以国家的技术政策为指导,在充分掌握基本资料的基础上,以科学的态度,实事求是地全面论证,通过综合分析和技术经济比较,确定最优方案。

第六节　水库工程概述

一、土石坝

土石坝是历史最久且应用最广的坝型,其坝体主要由坝址附近土石料填筑而成。我国建造土石坝的历史可追溯到公元前 600 年。新中国成立后为发展水利事业而兴建的高度 15 m 以上的土石坝占各种坝型总数的 95%以上。土石坝之所以被广泛采用,是因为它具有以下优点:

(1)就地取材,可以节省大量的人工材料,从而减少建坝过程中的远距离运输。

(2)施工方法选择的灵活性较大,既能用最简单的人工填筑,又能用高度机械化施工,后者对于工程量巨大的高坝是十分重要的。

(3)坝身是宽阔的土石散粒体结构,有适应变形的良好性能,因而对地基要求低于各种混凝土坝或浆砌石坝,几乎在任何地基上都可以建造土石坝。

(4)工作可靠,寿命较长,管理简便,加高扩建也较容易。

当然,土石坝也有一些弱点。首先,该种坝一般不容许坝顶溢流,因而在某些特定的水文、地形、地质条件下,不如采用混凝土重力坝等坝型安全而经济。其次,由于此弱点也常常给施工导流带来困难。此外,土石坝坝身工程量大,黏性土料填筑压实的质量受气候影响大,也是其弱点。

考虑到施工、运用以及经济条件,在设计、建造土石坝时应达到如下要求:

（1）坝身和坝基在各种可能工作条件下以及在施工期间都应当是稳定的。这就需要定出合理的坝身剖面尺寸，提出土石料的填筑质量要求，采取有效的地基处理措施。

（2）经过坝身及坝基的渗流既不应造成水库水量的过多损失，又不应引起坝身、坝基及渗流逸流处的渗透变形破坏。这就需要按"上游堵，下游排"的原则设计防渗、排水的有效措施。

（3）保证在枢纽泄洪时不致破坏坝的正常运用条件。为此，应与泄水建筑物尺寸通盘考虑，坝顶有足够安全超高的坝顶高程。

（4）应当防止波浪、冰冻、暴雨及气温变化对坝的破坏作用。这就需要对上下游坝坡及坝顶采取有效的防护措施，设计出良好的护坡及坝顶结构。

（5）应充分考虑各种当地材料的数量、质量、施工条件以及可能的筑坝方法，使坝身剖面布置及构造选型与之相适应。

（6）在满足安全、适用的前提下，力求工程量节省，造价经济，并适当注意美观。

二、隧洞

（一）泄洪隧洞

泄洪隧洞是山区水利枢纽常用的一种坝外封闭式泄水道。它修建于河岸岩石中，按照特定要求将水库的水泄往下游。泄洪隧洞可设表面堰流进口，起表孔溢洪道的作用；也可以将进水口置于足够低的高程，起深孔泄水道的作用。它既常用作永久泄水道，也常用作施工期导流的临时泄水道，且二者可结合起来。

泄洪隧洞分为有压型和无压型两类，前者泄洪时洞内满流，洞顶处内水压力仍大于零；后者泄洪时洞身横断面不完全充水，存在与大气接触的自由水面。无论有压型或无压型，泄洪隧洞往往具有较高流速和较大流量的特点，有别于压力大而流速小的电站引水隧洞。

泄洪隧洞是工作条件复杂的地下结构，要作好设计，必须充分掌握基本资料，这些资料包括水文、气象、地形、工程地质、水文地质、枢纽布置与建筑物运用要求、施工条件与建筑材料条件等。

隧洞线路的选定是设计中非常重要的一环，关系到隧洞的造价及应用的可靠性，所以必须在仔细勘测的基础上，拟订几个可能方案进行技术经济比较决定，争取得到地质条件良好、路线短、水流顺畅以及与枢纽其他建筑物无相互不良影响的线路布置方案。

选线时应尽量避开山岩压力很大、地下水位很高或渗水量很大的岩层和可能发生坍塌的不稳定地带，同时要防止洞身距地表太近，在这些前提下再力求缩短路线。

隧洞路线在平面上应尽量成直线布置。当由于地形、地质条件限制或枢纽布置而不得不采用弯段时，弯曲半径应足够大，即使流速不太高，该半径也至少不小于5倍洞径或洞宽，并使偏折角小于60°，以防弯段凸边产生负压。对于高流速无压隧洞，被迫采用弯段时，应通过水工模型试验选择适宜的曲线型式和曲率半径，并设法改善冲击波的不良影响。此外，要注意弯段与进、出口应有相当距离，通常在距进出口至少不小于5倍洞宽范围内应为直线段。

隧洞的进出口高程和洞底纵坡，应据地形地质条件、运用要求、上下游水流衔接、施工出渣方法、施工和检修时洞内排水等因素,通过技术经济比较决定。对于有压隧洞,应做到在任何情况下洞顶间有不小于 2 m 水柱的压力余幅;对于无压隧洞,自由水面至洞顶间应有不小于洞高的 15% 的净空。隧洞的进口高程取决于要求水库泄放到什么水位,出口高程取决于下游最高水位,应避免在洞内发生水跃,其纵剖面处作为表孔溢洪道而在进口段可能有陡坡斜井(或竖井)外,一般采用大于 0.1% 的正坡,便于施工和检修时排水。无压泄洪隧洞的纵坡常用稍大于临界坡的陡坡。当泄洪隧洞在施工期间担任导流任务时,其进出口高程和纵坡应适应其水位和泄量要求,可能要另设临时进口。

从施工开挖条件来说,除要求隧洞尽量平直外,并应与其他建筑物保持一定距离,以免隧洞开挖爆破时破坏其他建筑物基岩的整体性。对于长隧洞,应有几个开凿口,以增加施工面,加快进度。开凿口可以是铅直的施工竖井,也可以是水平的施工支洞。选择隧洞线路时要照顾到布置这种竖井或支洞的条件,使其附加的工程量较省。

泄洪隧洞出口应与拦河坝坝脚保持较远距离,特别是在坝型为土坝的情况下,隧洞出口离坝脚最好不小于 200 m,以防隧洞下泄水流冲刷坝脚及坝身。

(二)输水隧洞

输水隧洞是输水建筑物的一种型式,当输水建筑物通过山地,而采用明渠的技术经济条件又不利时,就采用输水隧洞。输水隧洞视具体条件可以是有压的,也可以是无压的,其横断面可以是圆形的,也可以是城门洞形或其他形状的,在很大程度上与前面所述的泄洪隧洞相类似。输水隧洞与泄洪隧洞在设计原则方面的最大差别是,泄洪隧洞常在高流速下工作,要解决高速水流所带来的一些问题;而输水隧洞则为减小水头损失,流速不允许太大,有所谓经济流速和经济断面的问题。

三、溢洪道

任何一个水库的库容都有一定的限度,不能将所有来水都拦蓄起来,特别是在洪水季节,水库必须将多余的水量及时泄放到下游,否则就会造成严重事故。因此,修建水库工程时,应设置隧洞、溢洪道等泄洪建筑物。由于溢洪道泄洪能力大,工作可靠,施工、管理和维修方便,造价低,适应性强,因而溢洪道是采用最多的泄洪建筑物。

(一)溢洪道位置选择

溢洪道位置的选择,关系到水库枢纽的总布置,影响到工程安全、进度、投资和工程量,需要在掌握充分资料的基础上,从经济、安全等方面进行全面的比较、论证,慎重地研究选定。

从地形条件方面考虑。一般应将溢洪道进口布置在原地面高程与蓄水位相近的地方,这样可以减少开挖方量,同时还必须兼顾到洪水下泄的归河问题,并要求作出妥善处置。忽视洪水归河问题会造成浪费和大量善后处理工作。从地质条件方面考虑,溢洪道要避免布置在大断层、古河道和滑坡体等地质条件很破碎的地方。除此以外,一般土基和岩基都可以,但是在完整的岩石地基上这样可以大大节省衬砌工程量,在水头较高、地质地形方面的要求难以两全的情况下,要进行综合比较,如果工程量出入不大,则最好选择在岩石地基上,这样对安全较为有利。

从安全方面考虑,溢洪道位置要避免进出口水流特别是出口水流冲刷土坝。要考虑管理运用和防汛抢险的方便。另外,还要注意溢洪道两岸山坡要有足够稳定性,防止因发生山坡塌滑堵塞溢洪道。

实际情况表明,大多数中小型水库的工程的溢洪道都是放在邻近坝头的岸坡上。如果枢纽附近有高程合适的山谷垭口,也是布置溢洪道的好地方。在缺乏适宜的岸边溢洪道位置时,也可以考虑采取安全可靠的方式将溢洪道布置在坝身上,但一定要慎重设计和施工。

(二)溢洪道的组成及其结构型式

由于大坝拦蓄了河水,造成大坝上下游的水位差,溢洪道的任务就是要把洪水从上游库水位安全地泄到下游河床中去,它与原河道不同之处就是在较短的距离内有较大的水头或落差。溢洪道的这一工作条件决定了它的组成。整个溢洪道自上游开始可以分为五个组成部分,即进口段、控制段、陡坡段、消能段和退水渠。进口段和退水渠是溢洪道同水库与下游河床的连接段,中间三个部分是溢洪道的主体。控制段是溢洪道的进口断面,它控制着溢洪道的过水能力。陡坡段的作用是把洪水从控制段泄往下游,它的特点是坡陡流急。消能段的作用是消耗水流的能量,是使陡坡段泄下的湍急水流变为平稳的水流后进入退水渠和下游河道。

1. 进口段

进口段的作用是使水流平稳地由水库流入溢洪道,由地形条件和布置方案决定,有些溢洪道的进口段是较长的一段引水渠,而有些只是一个进水口,选择进口段的型式主要考虑水流条件的平稳和工程量的节省。不论是引水渠,或是进水口,在平面上都应该做成平滑的曲线或渐变的折线形式,避免断面的突然收缩和水流方向的急剧转变。引水渠的断面形式大多为梯形,在进水口要做渐变段,使其与控制段的矩形断面连接。引水渠的断面一定要大于控制段的断面。如果引水渠较长,它的断面又不是太大,这时在计算溢洪道的过水能力时要考虑引水渠的水头损失。溢洪道的进水口一般由导水边墙向上游延伸组成,平面上为圆弧形或喇叭口形。进水口需要根据地质条件进行必要的护砌,对于紧邻大坝的溢洪道,要防止进口水流冲刷上游坝面。引水渠只要控制流速不超过地基的抗冲流速,可以不做护砌工程。

2. 控制段

控制段控制溢洪道的过水能力,通常所说的溢洪道断面就是指控制段的断面。但是,必须指出这里有两个前提条件:第一,引水渠的断面足够大,因而它的水头损失相对来说是不大的;第二,陡坡段的坡度足够大,可以保证形成急流的水流条件。进口段由于断面大,陡坡段由于坡度大,它们的过水能力都大于控制段。这样,控制段就像一座横卧在水下的挡水堰,水流通过控制段时,可以见到明显的水面降落,它的过水能力主要取决于进口处的堰顶水深,这种水流条件就叫做堰流。

控制段的横断面(垂直水流方向)大都采用矩形,纵断面可以有多种型式,总的分为两大类,就是宽顶堰和实用堰,它们的型式不同,流量系数也就不同

1)宽顶堰

水平堰顶顺水流方向的长度为 b(控制段的长度),堰顶水头为 H(控制段进口处的水深),当 $2.5H < b < 10H$ 时,称为宽顶堰。宽顶堰在溢洪道工程中,采用是最多的,它的特

点是施工简单,砌石或混凝土的工程量少。宽顶堰的堰顶一般都进行砌护,以增加过水能力,并保护地基防止冲刷。在岩石地基上,如果抗冲能力足够,也可以不加砌护,但这时应考虑开挖后岩石表面的不平整度(糙率)对流量系数的影响。

2)实用堰

$b < 2.5H$ 的堰称为实用堰,它可以分曲线堰和折线形堰两大类。实用堰用混凝土或浆砌石修建,曲线堰施工较复杂,但流量系数也稍大些。对于地面高程低于设计堰顶高程的溢洪道,大多修建实用堰,它兼有挡水和溢流的作用。

3)明渠

溢洪道的水流形态除了上面所说的堰流外,还有采用明渠的。当 $b/H > 10$ 时,即成为明渠溢洪道。明渠溢洪道的过水能力取决于断面大小,它的底坡和糙率系数、流量系数要比堰流小得多,除了在地形条件极其平缓,并且水头不大的情况下,为了减少开挖工程量,才采用这种形式外,一般很少采用。

4)侧堰

在河岸陡峻的情况下,受到地形条件的限制,溢洪道陡坡段过宽会过分加大开挖工程量,而堰长不够又会抬高洪水位,增加坝的高度和库区淹没。这时可以考虑采用侧堰式溢洪道。在这种溢洪道中,堰轴线与溢洪道轴线斜交或接近平行,水流过堰后流向改变接近90°,在堰后的侧槽中,水流旋滚下泄,流态较差,所以对基础要求较高。有些老的溢洪道工程,为了提高防洪标准,需要增加泄洪流量,可以把原来正面进水的堰顶改成侧堰,降低陡槽深度或加大坡度,以增加泄水能力,也是一种较好的解决办法。

5)闸式

有的水库根据规划需要建闸控制,其控制段即是闸室段。闸门局部开启时,水流形态是孔口射流;闸门全部开启时,水流形态则由闸底板的堰型决定,它可以是宽顶堰,也可以是实用堰,也可以做成明渠进水口。有的水库为了减小闸门高度,在闸门上部建一段胸墙,这种闸室已成为一种泄洪洞的特殊型式,超泄能力大受限制,所以从水库安全考虑,最好尽量少采用它。

3. 陡坡段

洪水主要通过陡坡段从水库上游水位的高程降落到下游水位的高程。所谓陡坡,不只是说坡度较陡,而且有具体的定义。渠道的过水能力取决于断面、底坡和糙率,当渠道的过水能力等于实际来水量时,水面线与底坡平行,这样的坡度叫做临界坡度。渠道底坡小于临界坡度称为缓坡,这时水面线的坡降将小于渠道底坡,而向下游方向壅高,水流状态叫做缓流;反之,河道底坡大于临界坡度称为陡坡,这时水流状态叫做急流。显然,只有使陡坡名副其实,才能使溢洪道达到设计的过水能力。如果陡坡做成缓坡,则由于水面线的壅高,可能使控制断面处的堰流发生潜没或者甚至变成明渠流,严重降低溢洪道的过水能力。

陡坡段坡度的决定,除了必须满足上述水力条件外,还要根据地形、地质和衬砌材料等因素综合考虑决定。一般说来,坡度缓些,开挖量少些,稳定性较好,但衬砌量增多,坡度陡些则相反。常用的坡度是 $1:3 \sim 1:10$,在非岩基上最好不陡于 $1:3$,在岩基上也有采用 $1:1.5 \sim 1:1$ 的。有时也可根据地形地质条件变化而改变陡坡坡度,在变坡处可以采用一段曲线连接,但从水流平顺和施工便利考虑,变坡点不能太多。陡坡段与控制段大多直接相连,也有中间连接一小段水平段的,如果有溢流堰,则堰的下游面就是一级陡坡。

由于陡坡段水流速度高,除了在良好的岩石地基外,一般都用浆砌石和混凝土衬砌。它的边墙大都做成直立,也有做成斜坡的。但如果斜坡太缓,对流态不利。陡坡最好做成上下等宽度的,如果为了减少工程量做成变宽度的,则收缩应该是左右对称的,而且角度不宜过大。

有的水库从减小陡坡上的水流速度并进行部分消能考虑,在陡坡面上采用人工加糙,即将陡坡表面人为地做成凹凸不平,如广东省迎嘴水库采用阶梯人工糙面,芙蓉峰水库采用条坎人工糙面。运用实践表明,由于陡坡上水流速度较大,人工加糙易造成薄弱环节,对底板安全不利。

4. 消能段

消能段的作用是消除由陡坡上冲下的高速水流的能量,使水流平稳地由退水渠流入下游河床,减少对下游的冲刷,用以造成消能条件的建筑物称为消能工。消除水流能量的方法主要是利用水流自身的冲击、旋滚消能。常用的有消力池和鼻坎挑流两种类型。

在消力池中也可以增设消力墩、分流墩、消力渠等辅助消能工,以稳定水跃,缩短消力池长度,但水深大、流速小时它们的效果不显著。流速大时,辅助消能本身产生气蚀被冲毁,因此采用不普遍。

消力池紧接在陡坡后面,它要求有一定的深度和长度,使陡坡上的高速水流冲下后在池内产生水跃,消杀能量。消力池的优点是:可以适应较大范围的流量,消能效率较高,下游渠道比较稳定。因此,在中小型水库溢洪道中广泛采用。为了能产生完全的水跃消能,消力池需要有足够的水深,通常采用挖深的方法加以满足。当挖深建池需要较大的开挖量时,也可以配合建槛,但是需要考虑槛后的水流连接条件。有些水库开始为了节省工程量,采用了建高槛以形成消力池的方案,以后由于解决槛后的消能问题,又不得不再建二级消力池,反而增加了工程量。

消力池的横断面以矩形为好,梯形断面的水流状态不好。消力池与陡坡连接有立坎、曲线坎和斜坡三种型式,斜坡式和曲线坎连接的水流条件较好。消力池都用浆砌石或混凝土衬砌。紧接消力池的退水渠或下游河床还需要衬砌保护一段,以消耗残余的水流能量。鼻坎挑流消能,是在陡坡末端用混凝土建造反弧鼻坎,使水流顺鼻坎挑入空中,利用水流与空气的冲击以及冲刷坑中的回流消耗能量。挑流消能最早只在岩基上采用,后来逐渐应用于土基的溢洪道上,认为可比消力池节省造价 1/3 ~ 1/2。它的特点是工程量较省,对下游水位变化和单宽流量变化的适应能力强。

采用鼻坎挑流消能最关键的问题是下游冲刷坑的发展不致危及鼻坎、溢洪道、大坝和邻近建筑物的安全。在土基上采用这种消能方式时,要特别注意这一点。所以在布置时,要尽可能将鼻坎修得很高,挑射水流不能直接落入下游河床,则挑射后落下的水流到下游水位之间的平顺衔接将成问题。采用鼻坎挑流消能时,还要注意一个贴流冲刷问题,一般鼻坎都是按照过大流量时水流能挑出来设计的。这样在溢洪道流量较小时,水流往往不能挑出,而是贴着鼻坎面下流,直接冲刷鼻坎的地基。为了解决保护鼻坎稳定问题,一些水库采用了各种方法,使贴流的水流顺畅下泄,不致在鼻坎脚下冲成深坑。

5. 退水渠

退水渠的作用是使由溢洪道下泄的洪水顺畅地流入下游河床。当溢洪道的消能工直接与下游河床相接时，就用不着退水渠。但对于山谷垭口溢洪道，退水渠的重要性就很突出。在决定溢洪道位置时，必须加以考虑。退水渠要求布置平顺，底高与断面要按设计要求开够。

6. 溢洪道的弯道和分级布置

从原则上说，溢洪道的布置要求顺直，最好避免弯道，以使水流顺畅、工程安全，但是实际上从经济、处理洪水归河、为了把消能段建在岩基上等方面考虑，又很难避免采用弯道。事实上，只要采用合理的布置，溢洪道即使有弯道也可以安全运用，这方面成功的实例很多。陡坡做弯道的成功经验很少，因为高速水流转弯时由于离心力作用要出现内侧分离和外侧超高，并很可能形成冲击波，使弯道以后的水流集中一侧。应该尽量把弯道段布置在进口引水渠和出口退水渠上，使控制段到消能段的溢洪道本体保持成直线，这样工程较为安全。

溢洪道最好采用一级消能。有时因为地形太平坦，一级消能开挖方量太大，施工有困难或其他原因，也可采用分级消能。这时可以在一级消力池后修建一段渠道以适应地形，引向下一级消力池。如需要转弯，可以把弯道布置在渠道上。

四、水库管理的一般要求

对水库工程来说，建好水库，只是完成了工作的一部分。一项水利工程的效能如何，要看它建成后是否对农业增产、城市居民生活起到应有的作用。为保证水利工程能充分发挥效益，延长使用年限，达到促进农业高产稳产、提高人民生活水平的目的，必须克服"重建轻管"的错误倾向，做好水库的管理工作。水库工程建设是基础，管理是关键，效益是目的，因此水库的管理工作是水利部门的一项基本任务，必须切实做好，达到水库管理的一般要求。

（1）做好水库控制运行工作。根据当地水文气象条件，上、下游防洪及用水部门的要求，合理安排水库的蓄、泄计划，做好水库的控制运行工作。为了保证大坝的安全，库水位应避免骤降。

（2）建立检查及观测制度。根据库容大小及工程的重要性，制定必要的检查制度。定期检查各个水工建筑物在运行期间工作状态的变化和工作情况，发现异常现象应及时分析原因，采取措施，防止发生事故，并不断改善运行方式，以保证工程安全。

（3）做好防汛抢险工作。汛前要做到思想、组织、物质、技术四落实，对水库进行全面检查，消除隐患，严禁水库带"病"入汛。汛期要进行水位和雨量观测，特别是要掌握水库水位及水库上游的降雨量两项水情动态。要加强水库的巡逻及工程检查工作，严防破坏，一遇险情，立即抢护。

（4）大搞综合利用。利用水库养鱼、养鸭及发展水生植物等，搞好综合利用，逐步做到以库养库，减少国家开支。

第七节　水电站概述

江河中的水川流不息地从高处向低处流动,具有一定的势能和动能,总的来说蕴藏着一定的水能。水力发电就是利用天然水流的水能来生产电能。水资源是可再生的资源,因此水力发电的成本比火力发电低得多,而且不污染环境。我国现有大中型水电站装机容量 700 MW,年发电量约为 2 万亿 kWh,约占可开发水能资源的 23%。

一、水能利用原理

天然河流的水能,基本上消耗在水流内部的紊动摩擦、冲刷河流和搬运泥沙等方面。水力发电就是利用河流这种水能来发电。水流发电能力的基本计算公式是

$$N = 9.81\eta Q H_{净}$$
$$E = N \cdot T$$

式中　N——水电站出力, kW;

　　　E——发电量, kWh;

　　　Q——发电引水流量, m^3/s;

　　　$H_{净}$——净水头, 即上下游水位差减去水头损失, m;

　　　η——水电站效率;

　　　T——持续时间, h。

利用水能发电,不可避免地要损失一部分能量,例如水流阻力和机械摩擦等。所以,水流发电能力的基本计算公式中,要引入水电站效率 η。它的大小和水轮机、发电机的类型、水电站的布置等有关。通常采用出力系数 A, $A = 9.81\eta$,粗略地说,大中型电站 $A = 7.0 \sim 7.5$,中小型电站 $A = 8.0 \sim 8.5$。

水头和流量是水力发电的两个基本要素。为了有效地利用水流能量,一要集中水头,二要调节流量,使它符合水电站的用水需要。这也是水力发电工程措施的基本要求。为了最有效利用天然河流的水能,就要用人工措施,修建能集中落差和调节流量的水工建筑物。例如在河道上筑坝(或闸)抬高水位,集中落差形成水头,并在上游形成水库,使之具有水头和流量以修建水电站。

二、水能开发方式及水电站基本类型

所谓水能开发方式,通常是指集中落差和获得水头的方式。按照集中落差方式的不同,水电站主要有下述三种基本类型:坝式水电站、引水式水电站和混合式水电站。

(一)坝式水电站

在河流峡谷处筑坝,抬高水位,形成集中落差,这种开发方式称为坝式开发。用坝来集中落差获得水头的水电站称为坝式水电站。坝式水电站按照坝和水电站厂房相对位置的不同,又可分为河床式水电站、坝后式水电站和坝内式水电站。坝式水电站的水头取决于坝高,坝愈高,水电站的水头也就愈高。但是建坝要受地形、地质、水库淹没和工程投资等条件的限制,只能因地制宜,根据技术经济条件研究决定。

(二) 引水式水电站

用引水渠道或引水隧洞在渠道或隧洞末端形成水头的水电站,称为引水式水电站。引水式水电站一般引水流量较小,无调节能力,水量利用率低。但工程规模小,造价较低,且水头允许较高,所以引水式水电站多修建在河道坡降较陡、流量较小的山区河段上。

(三) 混合式水电站

在一个河段上,同时利用拦河坝和引水道两种方式来集中河段落差,这种开发方式叫混合式水电站。混合式水电站常常建在上游有良好的坝址适宜建库,而紧接水库以下的河道坡度较陡或有较大河湾的河段上。它的水头一部分由坝集中,另一部分由引水道集中,因此具有坝式水电站和引水式水电站两方面的特点。

三、水电站的主要机电设备

水电站的机电设备主要包括水轮机、发电机和一、二次回路有关的电气设备。

水轮机是将水能转换为机械能的一种动力机械,它带动发电机再将机械能转换为电能。水力发电工程示意如图 1-2 所示。

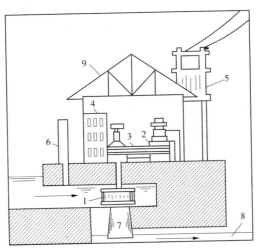

1—水轮机;2—发电机;3—传动带;4—配电盘;
5—变压器;6—闸门;7—尾水管;8—尾水渠;9—厂房屋面

图 1-2　水力发电工程示意图

按水流对转轮的作用,水轮机可分为反击式水轮机和冲击式水轮机两大类。其中,反击式水轮机中的混流式水轮机应用的最为广泛。

水轮发电机按轴的装置方式分为立轴式和卧轴式两种。一般小型水电站多采用卧轴式发电机,大中型水电站多采用立轴式发电机。

电力变压器、开关设备和继电保护设备为水电站的主要电气设备。将上述设备按一定规则联成的电路,称为一次回路。其线路系统图称为水电站电气主接线图。主接线图表示电站的电能输送和分配的关系以及电气部分的运行方式。在电站中用于测量、监视、控制、信号、操作、保护和自动装置等的全部低压电路叫二次回路。二次回路是比较复杂的,但对电站各种电气设备的安全和连续可靠的运行是非常重要的。

四、水电站的建筑物

水电站建筑物一般由下列六类组成:挡水建筑物、泄水建筑物、取水建筑物、输水建筑物、发电和(变)配电建筑物及平水建筑物。其中,平水建筑物是指当水电站负荷变化时,用来平稳引水建筑中流量和压力变化的建筑物。如调压室、压力前池和压力管道等。

第二章　松华坝水库概况

第一节　概　述

　　松华坝水库位于昆明市北郊 12 km,因水库坐落在松华山东麓而得名。松华坝水库坝址位于盘龙江中游,距盘龙江正源梁王喳啦箐 67 km,下游距滇池 37 km。盘龙江全长共 104 km,1966 年经裁弯改直缩短为 94.013 km,属长江上游金沙江流域。坝址以上流域面积 593 km²,为嵩明县阿子营、大哨、白邑乡和盘龙区的小河、双哨乡。下游经官渡区龙泉镇,穿过市区,流经官渡区的前卫、福海、六甲乡注入滇池。上游多以旱作为主,下游为农业高产区、工业区及繁荣的城区。

　　盘龙江自松华坝水库以下至滇池共长 37 km,裁弯改直后长 26 km,其间支流有金汁河、银汁河、明通河、羊清河,城区以下有玉带河、西坝河、永昌河、杨家河、金河、太河、采莲河、船房河、枧槽河,皆汇入滇池,多数起着为盘龙江分洪与灌溉的作用。区间有龙泉、金马、联盟、福海、前卫等乡镇,耕地面积近 15 万亩(1 亩 = 1/15 hm² ≈ 666.67 m²),由松华坝水库灌溉的最大面积 8.7 万亩,其中蔬菜 1 万亩。

　　松华坝水库是昆明市集防洪安全、城市供水及水土保持为一体的大(二)型水利工程项目。近年来,松华坝管理处以深化水利工程管理体制改革为核心,从加强水利工程的组织管理、安全管理、运行管理和经济管理等入手,进一步建立、健全各项规章制度和岗位责任制;率先在全省采用自动化监测系统,建成了大坝安全监测系统、水文水情自动化测报系统、供水计量系统、洪水预报系统等,促进了水库管理水平的全面提升,率先通过了省一级水利工程管理单位验收。1981 年经云南省政府批准建立了松华坝水源保护区,它是我国第一个饮用水源保护区,是昆明最重要的饮用水源地,也是滇池水体交换的重要水源。《昆明市松华坝水库保护条例》已于 2006 年 2 月 10 日由昆明市第十一届人民代表大会常务委员会第三十三次会议通过,2006 年 3 月 31 日云南省第十届人民代表大会常务委员会第二十一次会议批准;2007 年 11 月 27 日,省水利厅向云南省首家获得省一级水利工程管理单位的松华坝水坝水库管理处授牌,2002 年 6 月 28 日挂牌为云南省水利水电学校教学实训基地。

第二节　气象及水文调查

　　气象、水文资料是水库工程规划、设计、管理和运用中的一项关键性的资料。一般要从两个方面去收集水文资料:一是根据调查,弄清集水面积、洪水大小、河道的地形特征等;二是查阅有关的水文成果,取得多年平均降水量、径流系数、多年平均径流深、暴雨的大小及暴雨在时间上的分布等资料。

一、气象

盘龙江流域属暖温带夏雨湿凉气候,年平均气温 15.6 ℃;最高气温 31.5 ℃,最低气温为 −5.4 ℃;年平均降水量 957 mm,年平均蒸发量 1 370.5 mm;年日照 2 470.3 h,年霜期 138.8 d;风速 2.2 m/s,最大 20.3 m/s。

主要气候特征是冬春温暖旱重,夏季雨量充沛。干湿季节分明,四季之分不明显,气温年差较小,日差较大。雨季为 5～10 月,降雨量占年雨量的 89%。旱季为 11 月至次年 4 月,雨量稀少,两者之比为 9∶1,为全国所少见。"夏无酷暑",最热月平均气温为 19～22 ℃。雨季低温在 7 月底 8 月初出现,给水稻生长造成一定影响。

二、降水

旱季的主要气流为西方干旱气团(西风环流),天晴少云长日照,气温高、降水少、湿度小、风速大、蒸发旺盛,因而干旱,常有旱灾。雨季主要受西南季风环流控制,有自北部湾来的东南季风。这两支气流温暖,水气充沛,因而夏季云层密布,太阳辐射锐减,蒸发耗热多,致使雨量集中,高温不足。据昆明地区实测资料,年降水量最大 1 302.8 mm,最小 717.9 mm,年平均为 957 mm。每年雨季一般始于 5 月,迟早可差 50 d 左右,而雨季降水又集中在 7、8 两月。盘龙江流域的暴雨发生在 5～10 月,尤其以 7 月为多。

三、径流

水库上游河川径流的补给主要来自大气降水和地下水。多年平均径流总量甸尾河为 8 900 万 m^3,小河为 8 370 万 m^3,水库区间 100 km^2 为 4 610 万 m^3。1953～1979 年,26 年平均径流为 2.13 亿 m^3,实测最大年径流量为 3.96 亿 m^3,最小年径流量为 0.754 亿 m^3。

径流深因地区分布呈明显的差异,据 1954～1977 年实测资料,甸尾河流域径流深为 693 mm,为高值区;小河流域径流深 234 mm,为低值区。径流量年内分配上基本与疆域分配相一致,5～10 月汛期中径流量为年径流量的 85% 以上,11 月至次年 4 月为枯水期,径流量占年径流量总量的 15%;在年际变化上不平衡,有明显的丰、枯水年。

四、泥沙

盘龙江上游主要为岩溶地区,属少沙河流。小河、甸尾水文站自 1956 年 1 月开始泥沙观测,由于甸尾河流域短小,坡降大,开发利用率高,森林破坏严重,单位面积侵蚀量大于小河。根据观测资料统计:1966～1983 年平均侵蚀模数,小河为 7.84 t/(km²·a),甸尾河 147.9 t/(km²·a),两河每年向下游松华坝水库输送泥沙达 5.05 万 t。按泥沙容重为 1.6 t/m³ 计算,每年淤积量为 3.13 万 m^3。松华坝水库 220 万 m^3 死库容(隧洞进口底板高程 1 925.1 m),约 70 年可以淤满,而实际上 20 世纪 70 年代以来,上游地区植被大量被破坏,水土流失严重,泥沙侵蚀量呈上升趋势。

五、水质

水库的水质监测由 1967 年开始,五项有毒物质的监测自 1979 年开始。昆明市环境监测中心自 1982～1986 年在松华坝水库入口处和库区内上、中、下段设置 6 个断面,在不同水区全面监测分析水库水质 15 次,监测项目共 31 项。其中,酚、氰、铅、镉、汞、六价铬、总铬、砷、锌、硫化物等 10 项未检出,或极少检出。总硬度、铁、铜、pH 值、硫酸盐、氧化物 6 项符合国家生活饮用水卫生标准。检出率较高的为生化耗氧量、化学耗氧量、溶解氧、氨氮、硝酸盐氮、亚硝酸盐氨、氟化物等 7 种化学物,但总评价是水库内所有断面均为一级水质。小河、甸尾河入库处属二级,接近一级水质。因此,松华坝水库内水质仍属一难得的优质水源。与生活饮用水卫生标准相比,水源区农田化肥、农药使用,村庄废水排放,水体已开始受到污染。

六、洪水

松华坝的洪水是由暴雨形成的,根据 1954～1985 年的实测资料统计,时段最大雨量和最大洪峰的出现时间极为相似,雨型与峰型基本一致,年最大暴雨,洪水系列序位也较吻合。青龙潭地下水补给在甸尾河洪水的形成中具有重大意义,据 1979 年青龙潭等 19 处地下水资料分析,年最大洪峰流量占甸尾河站流量的 43%,洪量占 64%。盘龙江实测最大洪水多出现在 6～11 月,7、8 月出现次数最多。据 15 世纪以来 44 次洪水考证,出现在 7、8 月的占 71%,据 1954～1985 年实测资料,洪水出现在 7、8 月的占 77%。一般情况下,昆明洪水的主要来源是松华坝水库上游地区,占 75% 以上。其他地区局部暴雨造成的昆明洪涝灾害也有出现,1957 年昆明市发生的洪水,主要是松华坝以下至市区间的暴雨所致。

昆明地区的洪水,至今已有 700 多年的史料。经省水利水电勘测设计院进行实地勘察和访问,并查阅了省内外的大量资料,推算出历次的洪峰流量。现查明历史上较大的 6 次洪水及洪峰流量是:

(1)咸丰七年(1857 年)昆明大水,最大水深 9.5 m,"泛滥数十里,城外房屋全部被冲毁,人口被溺死数万"。根据记载,经云南省气象台推算,当年降雨量在 2 000 mm 左右,比常年降雨量大 1 倍。小河洪峰流量约为 568 m^3/s,甸尾河洪峰流量约为 380 m^3/s,松华坝洪峰流量约为 765 m^3/s。

(2)同治十年(1871 年),五至六月降雨 40 余日,"昆明大水,冷水洞暴洪,六河溢涨,侵蚀东城古楼,毁民居无数……"。经估算,洪峰流量约为 422 m^3/s。

(3)光绪三十一年(1905 年)"七月初,倾盆大雨,昼夜不止……",估算洪峰流量约为 300 m^3/s。

(4)民国七年(1918 年)"六月三日大雨如注,夜将半,山水暴涨……",据记载昆明雨量 1 549.7 mm,小河洪峰流量达 179 m^3/s,松华坝洪峰流量达 249 m^3/s。

(5)民国三十四年(1945 年)8 月 5 日、18 日、24 日昆明大暴雨三次,昆明雨量 1 527.2 mm,小河洪峰流量达 123 m^3/s,甸尾河洪峰流量达 30.7 m^3/s,松华坝洪峰流量达 188 m^3/s。

(6)新中国成立后 1966 年,8 月 25 日至 9 月 1 日连下暴雨,松华坝水库库水猛涨,7 天时间水位上涨 18.4 m。实测当年降雨量 1 302.9 mm,小河洪峰流量达 118 m^3/s,甸尾河洪峰流量达 67.2 m^3/s,松华坝洪峰流量达 213.1 m^3/s。由于松华坝水库调洪,盘龙江下泄流量为 127 m³/s,基本上保证了城市安全。

新中国成立以后,洪涝灾害平均每 3 年一次,由于松华坝水库的修建,灾情大为减轻。

第三节　工程地质条件

一、地形地貌及物理地质现象

松华坝水库地处昆明盆地北部边缘的低中山—中山地貌区,库区平均海拔 2 200 m,地势由北向南倾斜,为云贵高原主体中滇东高原的一部分。流域内山峦起伏,夹有山间盆地,起伏分明,盆岭相连。在北部有滇东主要山脉梁王山,主峰大尖山海拔 2 840 m。支脉有三,往东 15 km 为草白龙山,海拔 2 835 m;往西 25 km 是老鸦山,海拔 2 643.3 m;往南 20 km 为大王山,海拔 2 522 m。上游流域内海拔 1 920~2 600 m,相对高差 100~600 m。流域内镶嵌着白邑、牧羊街、鼠街、团结乡等小盆地,以白邑盆地为最大,南北长 12 km,北端宽 3 km,南端宽 1 km,面积 22.7 km²。地貌结构多样,以岩溶地貌分布面积最大。白邑坝子四周均属岩溶地貌,小河地区两岸及山麓地带以流水侵蚀地貌为主。梁王山地区岩溶漏斗、洼地、落水洞十分发育,山体中有天然管道与暗河相通,在 70 km² 范围内有岩溶漏斗 500 多个,岩溶洼地 200 多个。平均每平方千米有 10 个之多,最密处每 200~300 m 就有 1~2 个。每当暴雨之后,水土迅速汇集于漏斗、洼地,灌入或渗入地下,因此该地区地下水较为丰富。

主坝及副坝所在区域属低中山地貌,坝址附近相对高差 50~100 m。地形坡度较缓,多在 6°~20°,局部可达 25°以上,多属缓坡地带。库岸冲沟多沿构造线发育,为北西向及南西向。切割不深,沟底较为宽缓,呈“U”形断面,多数无长流水。

区内覆盖层厚度一般 1~3 m,坝址区两岸一般在 0.5 m 左右,大部分基岩裸露,仅垭口处底部覆盖较厚,最大厚度可达 8 m。

区内岩石一般抗风化能力较弱,特别是泥岩、泥质粉砂岩遇水易软化、崩解,石英砂岩、砂岩较坚硬,抗风化能力较强。

主坝上游左岸坡有一滑坡体,经查明属浅层滑坡,规模约为 3.5 万 m³,处于暂时平衡状态。副坝址区无明显的滑坡、泥石流、崩塌等不良物理地质现象,局部出现的小滑坡等多系人为原因造成,如公路开挖等。且均为发生在松散层内的牵引性质的滑坡,规模小,一般在几十立方米以下,对水库基本无危害。

二、地层岩性

松华坝水库库区位于达达村至松华坝向斜轴部南段,出露的主要地层有中上泥盆统、中下石炭统、二叠系、上三叠统、中下侏罗统、上第三系、第四系的灰岩、玄武岩、砂岩、泥岩及砾石、黏土等。其中,石灰岩出露较广,主要分布在团结村、杨柳箐、大竹圆、麦地冲、梁王山北坡地带,而库盆范围内出露的玄武岩较多。坝址区由巨厚的玄武岩和砂页岩组成。

三、地质构造

昆明位于南岭东西向构造、川滇南北向构造与云南山字形构造交接带。历经多期构造运动的改造,并深刻地控制了测区构造(包括新构造)的发生和发展,形成了现代的地质、地貌景观。松华坝水库位于桃园—昆明南北走向的构造形迹东侧,金殿—呈贡东西走向构造区内。库区位于达达村至松华坝向斜轴部南段,被白龙潭、太阳冲断层切断成三个断块。松华坝断块为水库的主要库盆。

松华坝水库地震设防烈度为 8 度。

四、水文地质

库区的主要含水层为灰岩夹白云质灰岩及白云岩组合,岩溶漏斗、洼地等发育,地下水通常以泉水或暗河形式存在,向盘龙江排泄,补给河水。据有关水文地质资料,其多年平均地下径流模量 $M_0 = 8.67 \sim 27.47$ L/(s·km^2),主要的相对隔水层为泥质岩层,尤其是二叠系下统的倒石头组铝土岩或铝土质页岩,该组地层在松华坝地区的厚度可达 60 余 m。主要的地下水类型有松散岩类孔隙水、基岩裂隙水(包括层状裂隙水和风化裂隙水)、岩溶水三大类型。

五、库区渗漏

松华坝水库库区位于达达村至松华坝向斜轴部南段,库区地层以致密状玄武岩为主,两岸地层多倾向库内,岸坡上的泉水露头较高,属地下水补给河水。经调查表明不会产生库区渗漏。自水库建成以来,未发现水库渗漏。

六、库岸稳定

松华坝水库库区岸坡较缓,周边植被保护或恢复较好,经调查表明无明显的库岸失稳现象。

七、水库淹没

松华坝水库经加固扩建后的新增淹没耕地面积 2 673.20 亩,迁移人口 1 030 人,拆迁房屋 79 686 m^2。

八、水库淤积

松华坝水库所在河流盘龙江上游主要为岩溶地区,属少沙河流。根据观测资料统计,小河及甸尾河每年向下游的松华坝水库送入泥沙达 5.05 万 t。按泥沙容重为 1.6 t/m^3 计算,每年淤积量为 3.13 万 m^3。但 20 世纪 70 年代以来,由于上游地区植被大量被破坏,水土流失严重,泥沙侵蚀量呈明显上升趋势。所幸的是各级政府高度重视松华坝水库,在投入大量资金进行水库加固扩建的同时,也加大了对水库库区及周边的生态保护和恢复力度,同时通过立法保护松华坝水库。

目前,松华坝水库的入库泥沙量已得到明显控制。松华坝水库已经云南省政府批准建立了松华坝水源保护区,云南省第十届人民代表大会常务委员会第二十一次会议已于 2006 年 3 月 31 日批准《昆明市松华坝水库保护条例》。周边环境得到了极大的改善。

九、坝址工程地质评价

松华坝水库坝位有两个,即主坝位和副坝位。

(一)主坝位工程地质评价

1. 坝址地形

坝址河谷岸坡地形不复杂,两岸最低山顶高程均高出设计最大坝顶高程。左岸上下游各有一条小冲沟,但离坝较远,对工程影响不大;右岸受地形条件限制,山体单薄且下游临空,岩石风化破碎,因此坝轴线右端须向上游弯曲呈凹形轴线。

2. 坝基地层

河床坝基持力层为松散岩组和玄武岩坚硬块状岩组夹少数软弱岩组(凝灰岩)。

(1)河床冲洪积卵砾石层(Q^{al+pl})。

该层为直接持力层,厚度 2 ~ 5 m,出露宽度 30 ~ 35 m。卵砾石直径一般 1 ~ 3 cm,最大 15 cm,较密实,孔隙率 30% 左右。颗粒级配良好,不均匀系数 $C_u = 19.40$,曲率系数 $C_c = 3.49$。参考反滤过渡料的大型直剪成果,$K = 1.47 \times 10^{-2}$ cm/s,最大干密度 $\overline{\gamma}_{max} = 2.18$ g/cm^3,$\varphi = 37°58'$,黏聚力 $C = 23.1$ kPa。建议值 $K = 1.5 \times 10^{-2}$ cm/s,最大干密度 $\gamma = 2.10$ g/cm^3,$\varphi = 34°$,黏聚力 $C = 0.10 \sim 0$ kPa。室内管涌临界比降 $i_{cr} = 0..50 \sim 1.40$。

(2)凝灰岩。

可参考昭通鱼洞水库现场直接剪切试验资料,$\gamma = 2.50$ kN/m^3,$\varphi = 28°$,$C = 0.50$ kPa,干抗压强度 2.4 ~ 2.7 MPa。建议值 $\varphi = 25°$,$C = 0.20$ kPa。

(3)玄武岩坚硬岩组。

其物理力学指标取值参考表 2-1。

表 2-1　玄武岩坚硬岩组的有关物理力学指标参考值

名称	抗压强度 (MPa)	强风化折减系数	软化系数	$\varphi(°)$			密度 γ (g/cm^3)
				粗面	光面	碎块状	
致密状玄武岩	74 ~ 156	0.1	0.5 ~ 0.9	36	28	37	2.86
杏仁状玄武岩	20.8 ~ 64	0.2	0.23 ~ 0.62	34	26		2.82
斑状玄武岩						37	2.90

(4)两岸残破积层。

厚度一般 0.1 ~ 6.0 m,坝体轮廓线范围内厚度不大,建议全部清除。

(5)顺河走向断层及层间破碎带。

一般厚度较小,且具有一定程度的胶结(钙质、硅质胶结),进行断面的稳定校核,最低取值建议参考凝灰岩指标。

3. 物理地质现象

物理地质现象简单,仅有小滑坡和岩石风化问题。

(1)滑坡。

枢纽区对工程有危害的滑坡分布于新坝轴线(加固扩建时的坝轴线,位于老坝轴线下游 47.25 m)左坝肩上游约 90 m 处。经查明属浅层滑坡,主滑方向 360°,滑坡后缘陡坎最高处的高程为 2 028 m,滑坡总体积 3.5 万 m³,目前处于相对稳定状态,为保证现有状况不恶化,建议作排水处理。若要使安全系数达到 1.2 以上,则可在滑坡体上作适当削坡处理。

（2）岩石风化。

在坝体轮廓线范围内,除右岸的凝灰岩为全风化外,其余均为强风化及弱风化,左、右岸及河床的强弱风化带的埋深最小为 7.47 m,右岸最深达 47.8 m。考虑到大坝为碾压式心墙坝,强风化带可以不必全部挖除。两岸可清除到残破积层即可,心墙两岸接头与加高部分心墙与岸坡接触带挖深至强风化带内 1.5~2 m 即可。若选帷幕灌浆方案,则适宜浇筑混凝土盖板。盖板面应与齿槽底平一致。两岸心墙基础开挖边坡 70°~80°。

4. 坝基防渗问题

坝基水文地质条件中等,有河床砂卵砾石孔隙含水层（老坝心墙段为承压水）、基岩裂隙含水层。两类含水层有水力联系构成含水岩组,加上包气带的透水区,构成有限透水地基特点。其具体参数见表 2-2。

表 2-2　主坝坝基水文地质条件统计

项目	左岸	河床	右岸	备注
相对隔水层平均埋深(m/孔)	32.8/5	0.1	0.5~0.9	
相对隔水层最大埋深(m/孔)	41.9/5	0.2	0.23~0.62	
透水带及单位透水率 ω	<0.71	<0.30	<1.00	均属较严重透水带

注:按无深部防渗结构计算得坝基及绕坝渗漏总量为 143.5 万 m³/a,占总库容的 0.63%,在规范允许范围内。

5. 坝基防流稳定问题

老坝黏土截水墙已切断河床卵砾石层,据长期观测孔资料分析,浸润线在整个防渗体范围内,其距防渗体表面的最浅深度上游为 2.7 m,下游为 4 m,注入排水棱体由坝脚逸出。以截水墙上下游卵砾石层观测孔 ZK83-2、ZK83-5 于 1988 年 7 月 10 日的水位资料,两者水位差 28.1 m,可见截水槽消杀水头的效果是良好的。

截水墙后钻孔卵砾石层水位与坝下游逸出点水位计算得该层水力坡降为 0.067 以下,与坝基卵砾石层取样 3 组室内管涌试验的临界水力坡降 0.5~1.4 比较,安全系数可达 7 以上,比建议的允许比降值 0.15~0.20 也小,安全系数可达 2~3。因此,从坝基卵砾石层平均坡降看,不会产生渗流失稳。

综合上述分析,截水槽及心墙的防渗效果是好的,现在的坝基不存在管涌问题。大坝加高后再对深部透水带作防渗处理,更会增长渗流途径,降低河床卵砾石层的渗流比降,在大坝加高 13.7 m 的状况下,产生渗流失稳的可能性很小。但由于卵砾石层截水槽上下游的水头差较大,应当注意黏土心墙与坝基基岩接触面间的接触冲刷问题,鉴于其允许冲刷比降未知,又无模型试验资料,建议适当加宽截水槽。

6. 评价结论

主坝坝址属中等工程地质类型,能满足柔性坝的建坝要求,但对 62.5 m 高度的中高坝需采取工程措施对坝基进行处理,改善并提高坝基的防渗性能,提高安全度。

(二)副坝位工程地质评价

(略)

十、改扩建溢洪道工程地质评价

拟改扩建溢洪道位于副坝左岸,上段为新建,下段为原路线,轴线方位250°。由于水库加固扩建后,原溢洪道不能满足要求,因此在经过方案比选后,于副坝左岸小山包处选定新的改扩建溢洪道路线,上段为新建,下段基本为原溢洪道路线。

(一)上段工程地质评价

上段位于副坝(小)向斜的南东翼上,往下游方向逐渐向(小)向斜轴部靠近。进口至简易公路段基岩出露较好,以下为残坡积层覆盖,厚度0.5~2.5 m,由ZH84-13起,以下为人工堆积(开挖原溢洪道时的堆积物)及残坡积物覆盖,厚度0~7 m不等。该段自进口至与下段的交接口处下覆基岩为中侏罗统(J_2)的砂岩、泥岩,闸室基础部分为泥岩,产状为325°∠34°~51°。岩层倾向右岸、上游,地下水埋深3.4~12.1 m。

该段工程地质条件一般中等,建议开挖边坡:基岩50°~60°,第四系35°左右。该段不存在重大工程地质问题,无滑坡、大断层破碎带,无巨厚松散层覆盖,属稳定型岸坡。但沿线岩石风化较深,建议全线衬砌。

(二)下段工程地质评价

下段位于新老线交口处以下,为老溢洪道至盘龙江段。为保证水库扩建后能安全泄洪,该段需向左岸加宽10 m,轴线方位215°,长度约1 000 m,纵坡坡降约2.5‰。该段出露地层有上三叠系至下侏罗统、中侏罗统的砂岩、泥岩,上第三系的黏土、砂质黏土砾石黏土层,第四系冲洪积砂卵砾石层、残坡积层、人工堆积的土夹石等松散层。

砂岩、泥岩分布于Ⅰ级跌水附近及以上段,地层走向145°~180°,与溢洪道轴线斜交,倾向上游(北东),倾角40°~60°,有利于边坡稳定。上第三系地层主要分布于该段中部,属软弱地层,是不利稳定层位。第四系残坡积层分布于该段中下部两侧边坡上,厚1~2 m;冲洪积层分布于该段尾部溢洪道两侧,厚度大于5 m;人工堆积分布于该段两侧,系开挖原溢洪道的堆积物。

Ⅰ级跌水附近两岸地形较狭窄,坡度较陡,30°~35°,往下则变得开阔、平缓。沿左岸,在ZK85-3一带有数个微型滑坡体(体积均在10 m³ 以下)分布,均属松散层(残坡积层)滑坡。在ZK85-2东侧有几个泉点出露,系侏罗系砂岩中的裂隙水,出水量1 L/s左右。

总之,溢洪道下段工程地质条件较上段差,主要是松散层及软弱层厚度较大,砂卵砾石层含水,施工时需要排水。但地形坡度较平缓,两岸的不良物理地质现象不发育,虽有几个微型滑坡分布,因规模小易于处理,没有危及安全的重大工程地质问题存在。原溢洪道多年运行表明其基本条件还是良好的。

鉴于该段的松散软弱层覆盖较厚,建议全线衬砌。衬砌边坡45°左右。

泄洪隧洞位于原正常溢洪道右侧45 m处,输水隧洞位于主坝左岸,两建筑物保持原位置不变,不再赘述。

十一、天然建筑材料

由于可行性研究报告推荐扩建坝型的结构与原坝型结构基本相同,而 1963 年和 1965 年曾对土料和砂卵砾石料做过较详细的勘探试验工作,此次是在原基础上进行选择和扩大补充,新选玄武岩石渣料和灰岩块石、碎石料料场进行勘探试验工作。

本阶段对原有的 12 个土料场、3 个砂卵砾石料(反滤料)场、1 个石料场(块石、碎石及人工砂料)、3 个玄武岩风化石渣料场进行反复踏勘对比,然后根据加坝需要选定的料场如下。

(一)土料场

1963 年曾在大坝下游两侧丘陵地带选定了 12 个土料场,进行过详查(原为 A 级)的勘探试验工作,总储量近 50 万 m³。各料场均为红色、棕红色黏土和少量黄色、浅黄色壤土,黏土一般具有团粒结构,黏结性好,能搓成土条,表面较光滑,干时较硬。粉质黏土(壤土)较松散,有粉末状感觉。局部含少量的玄武岩风化碎块或砾石。根据室内、外 200 多组试验资料显示,所选料场的土料基本符合黏土防渗体的要求。经过综合比较,最后确定 I 号和 VI 号、VIII 号土料场作为本次加坝的补充勘探料场。其中:

I 号土料场位于农大背后山坡上,靠近公路,距离大坝约 3 km,需扩建或新建进场公路 0.5 km 与外界公路连接,该料场是在 1963 年勘探规模的基础上扩大的,1963 年勘探时的测绘面积 135 784 m²,野外试验样品 77 组,室内试验 14 组,勘探级别为 A 级。1983年在原基础上扩大测绘面积 13 957 m²,室内试验 9 组,该土料场占地面积约 28 万 m²,均为旱地,地形开阔、平缓,高程 1 960 ～ 1 985 m,料场长度约 800 m,宽度约 600 m,中部有一条小冲沟,无用层厚度 0.3 ～ 0.4 m,有用层平均厚度 2.79 ～ 3.57 m,无用层体积 100 222.20 m³,总有效储量 763 627 m³,剥离系数 14.03%。料场适合机械化开采,不受地下水影响。

建议优先开采 I 号土料场,VI 号和 VIII 号土料场作为备用料场。VI 号和 VIII 号土料场在此不作叙述。

(二)砂卵砾石料(反滤料)场

1964 年和 1965 年初曾两次对水库下游盘龙江、下坝村至雨树村河段的河漫滩及河床上的三个料场进行过较详细的勘探试验工作,三个料场总面积约 23 万 m²。水库加固扩建时对其进行了实地踏勘,对照原勘探范围,原料场经过 1967 ～ 1968 年的盘龙江河道整治后现仅残留有两块沙滩地,但其储量能满足 15 万 m³ 的详查储量要求,其余区域在河道裁弯取直后已平整铺土改成稻田。

这两块沙滩地位于雨树村前面,盘龙江两岸各一块,距大坝 2 km,均属于原 II、III 号料场范围,高程在 1 909 ～ 1 912 m,为第四系现代河床冲积层,地形平坦,适合机械化开采,但宜在枯季开采。根据勘探资料,砂卵砾石层较厚,且层位较稳定,从上至下共分为四层,自上而下依次为表土层(厚 0.2 ～ 0.6 m)、卵砾石层(厚 0.5 ～ 1.5 m)、砂卵砾石层(厚 2.0 ～ 3.67 m)、卵砾石层(厚 0.2 ～ 0.5 m),下覆为上第三系黏土层。其中,质量较好的河床砂卵砾石层厚 2.5 ～ 5.02 m,总储量为 88 万 m³。

根据试验资料,河床砂卵砾石层中一般含泥量 5% ～ 15%,含砂量一般 20% ～ 40%,

从上至下逐渐增多,砾石以玄武岩为主,次为石英砂岩、灰岩和石英岩等,粒径一般 3 ~ 7 cm,最大 10 ~ 15 cm,磨圆度一般较差,但分选性较好,强度高。平均物理力学指标(1983 年)为:土粒比重 2.81,细粒比重 2.75、含量 30.20%,粗粒比重 2.84、含量 69.80%,松散密度 1.76 g/cm³,紧密密度 2.12 g/cm³,砂泥质(污)含量 9.10%,渗透系数(k_{20})为 1.47 × 10^{-2} cm/s,最大干密度 2.18 g/cm³,大型直接剪切试验(饱和状态,固结快剪)φ = 37°59′、C = 23.10 kPa、$\tan\varphi$ = 0.781,C_u = 229。

上述资料显示,砂卵砾石料的质量较好,但级配较差,作为反滤料需进行人工级配以提高反滤效果。

(三)石料场

石料场位于水库以东三尖山的南坡九龙湾村至两担石一带,从大坝经防洪公路至料场约 8 km,需新建或扩建公路 3 km。料场处于近东西向河沟的北侧山坡地带,场区海拔 2 030 ~ 2 160 m,相对高差约 160 m,为低中山地形,属岩溶侵蚀地貌,岩性为下二叠统阳新灰岩。料场为层状灰岩,在走向上岩性较稳定,地形变化不大,岩层倾向 330° ~ 366°,倾角 40° ~ 60°。初查储量为 1 318 万 m³,已超过详查需要量(51 万 m³)的 26 倍,完全能满足加固扩建的需要。

根据 5 组岩样常规试验,平均物理力学指标为:比重 2.72,干密度 2.69 g/cm³,天然密度 2.69 g/cm³,饱和密度 2.70 g/cm³,吸水率 0.358%,饱水率 0.39%,干抗压强度 165.7 MPa,湿抗压强度 180.7 MPa,黏聚力 C = 21.70 kPa。变形模量 7.94 × 10^4 MPa,泊松比 0.33。

(四)玄武岩风化石渣料场

可行性研究报告推荐了 Ⅰ、Ⅱ 号料场,本阶段新选了 Ⅲ 号料场,经现场踏勘后选定 Ⅲ 号料场。Ⅲ 号料场位于大坝下游,有防洪公路直达,距大坝 1.5 km,料场地形坡度一般在 20° ~ 30°,个别达 40°,施工场地开阔,远离居民住宅,为荒山,施工安全,不受外界干扰,有利于机械化开采。初查储量为 52.22 万 m³,详查储量为 140.20 万 m³。

风化料场由细粒和粗粒组成,其自然级配是:粒径大于 5 mm 的颗粒含量 80% 以上,小于 5 mm 的颗粒含量小于 20%,级配变化范围大,岩石越新鲜粒径越大。岩石力学强度比较高,质量较好。

第四节　水库建设与加固扩建

中华民国时期,曾设想利用盘龙江水源建较大的水库,数次进行勘测,选择水库坝址,最后只建了谷昌坝水库,未达预期效果。1953 年,云南省水利局对昆明水资源的开发利用进行规划,以盘龙江为重点,经省市有关部门研究,1956 年提出《修建盘龙江水库(松华坝水库)的方案意见书》。国家建委云南区划规组也提出先修松华坝水库,然后在上游作二级开发。经过较深入的地质勘探,多方案比较,最后确定建松华坝水库。勘测设计后,于 1958 年动工,以农村劳动力为主,城市各行各业支援,1959 年 8 月 1 日完成。建库时,是以防洪和农田灌溉为主要目的,建成后逐步变为以防洪和供城市生产、生活用水为主的多功能水库,总库容为 7 000 万 m³,由于不断提高科学管理水平、合理调度,兴利的水量达到 1.2 亿 m^3（不包括发电重复利用的 6 000 万 m^3）。由于松华坝水库上游来水量大,库容小,标准低,病害多,有大量弃水流入滇池。中型松华坝水库建成后,避免了水库下游大的洪旱灾害,但不能抗御特大洪水的袭击。

随着昆明社会经济的发展,松华坝水库的水供不应求,急需更充分地开发利用盘龙江水资源,将松华坝水库加固扩建为大型水库势在必行。经过多年酝酿、论证,确定采用"松滇联合调度"方案,进行加固扩建。

加固扩建工程于 1989 年 1 月开工,于 1992 年 6 月竣工。扩建后达到大（二）型水库规模,主坝坝高 62 m,坝顶长 201 m,坝顶宽 10 m,为黏土斜墙土石坝;副坝坝高 34.5 m,坝顶长 354 m,坝顶宽 10 m,为风化料心墙土石坝。

松华坝水库加固扩建工程概算总投资 13 422 万元,淹没区占 42.7%,新增库容造价 0.84 元/m^3。扩建之后,总库容 2.29 亿 m^3,设计蓄水 1.05 亿 m^3。城市防洪标准由 20 年一遇提高到 100 年一遇,保护面积 70 km^2,每年为城市供水由 0.58 亿 m^3 增加至 1.10 亿 m^3,提水和自流灌溉耕地 7.70 万亩,为发电、养殖、种植等综合经营奠定了良好的基础,对保护昆明市人民财产的安全、促进国民经济的发展具有重要的地位和作用。

加固扩建后的松华坝水库主坝上游坡采用国内首创的凸凹形外表混凝土预制块新型护坡形式。建立起了水库自动化管理系统,主要包括水情自动测报系统、供水流量监测系统和大坝原型观测系统。从而形成了云南省水利工程第一套先进的、自动化程度较高、功能较全的水库自动化管理系统,对确保防洪、供水调度及水库的安全监测起到了良好作用。

加固扩建后的松华坝水库具有良好的社会效益和经济效益。

社会效益主要体现在防洪及供水两方面。如 1994 年 6、7 月间,昆明雨水连绵,降雨量达 695 mm,是 20 世纪以来在册的第二次,相当于 50 年一遇的来水,当时昆明市区内涝,道路受阻,倘若无松华坝水库防洪,拦蓄盘龙江上游洪水,昆明将是汪洋一片。据设计推算,出现 50 年一遇的洪水时,昆明城市受淹面积为 9.8 km^2,人口 219 547 人,农田面积 9 598 亩,一次洪水损失值达 15 664 万元。若出现百年一遇洪水,城区受淹面积达 11.9 km^2,人口 267 274 人,农田面积 14 919 亩,一次洪水损失值将达 20 368 万元（洪水损失值以 1984 年物价水平计,且未包括交通、商业的损失以及临时抢险、救灾费用）。从供水情况看,未加固前的松华坝年供水量为 5 800 万 m^3,扩建后的 1994 年,水库蓄水 9 680 万 m^3,城市供水量可达上亿立方米,目前由于城市供水管网不配套,年供水量仅为 9 000 万 m^3,解决了 4/5 城区的生活用水。

经济效益表现在其供水保证率由 60% 提高到 95%,实行多年调节,城市供水量由原来的 5 800 万 m^3/a 提高到目前的 9 000 万 m^3/a 以上,以目前的水价计,年供水毛收入达 600 多万元;仅 1994 年,坝后电站发电 550 万 kWh,年发电收入 32 万元。经济指标:效益费用比 2.88,每方库容投资 0.86 元。

环境效益表现在径流区划分出水源保护区,采取退耕还林保护水源的措施,库区周围绿树成荫,植被丰厚,防止了水土流失,库内来水量逐年增大,水质清澈,成为昆明生活用水的优质水源,大大改善了市民的饮水质量,对调节气候、保护生态起到了良好的作用。

第五节　水库枢纽布置及特征参数

松华坝水库枢纽主要由主坝、副坝、输水隧洞、溢洪道和自来水高位放水洞、坝后式电站等组成。主坝位于松华山东麓盘龙江中游峡谷地段,副坝位于主坝以北约 1 km 的垭口处,输水隧洞位于主坝左岸,出口处为坝后式电站,自来水高位放水洞位于主坝右岸,水库管理所位于主坝右岸下游;溢洪道位于副坝左岸。详见松华坝水库枢纽布置图(附图 1)。

一、死水位与死库容

根据已有输水隧洞进口底高程 1 925 m 和洞径 1.5 m,确定死水位为 1 928.8 m,相应死库容为 445 万 m³。

二、正常蓄水位和兴利库容

根据城市供水 1.1 亿 t 和灌溉 2.7 万亩,在可行性研究阶段中曾选定正常蓄水位为 1 965.5 m,相应淹没耕地 3 680 亩。如果城市供水降为 1.02 亿 t,则正常蓄水位降为 1 964 m,相应淹没耕地 1 900 亩。正常蓄水位 1 964 m 淹没耕地比 1 965.5 m 少 1 780 亩。采用正常蓄水位 1 964 m 对淹没处理固然有利,但正常蓄水位 1 965.5 m 的坝高比正常蓄水位 1 964 m 的坝高只高 1 m,主副坝所增加的填筑方 6.4 万 m³ 并不多;在库尾采取筑堤保护措施后淹没耕地只有 2 700 亩。为了结合今后的防洪,并为供水留有余地,在工程建设上水库正常蓄水位仍按 1 965.5 m 设计。正常蓄水位 1 965.5 m 的兴利库容为 1.01 亿 m³,可调节使用水量 1.33 亿 m³,平均每立方米库容调节使用水量 1.32 m³,径流调节系数为 62%。

三、设计洪水位

从兴利方面的多年调节计算成果分析,为了使城市供水的保证率达到 95%,农田灌溉保证率达到 80%,防洪与兴利可以结合的库容为 725 万 m³,即汛期防洪限制水位为 1 964.5 m。在调节 20 年一遇和百年一遇洪水时,为了保护农田和城市,控制水库下泄流量与下游 142 km² 的区间洪水组合后不大于河道安全泄量。计算结果,20 年一遇库水位为 1 967.5 m,百年一遇库水位为 1 971.3 m。在调节 500 年一遇设计洪水位和可能最大校核洪水时,当库水位超过百年一遇水位后,为了保证水库安全则不再控制下泄流量。计算结果设计洪水的库水位为 1 972.6 m,下泄流量 390 m³/s;校核洪水的库水位为 1 974.5 m,下泄流量 630 m³/s,相应水库总库容为 2.29 亿 m³,其中防洪和调洪库容为 1.31 亿 m³。通过水库的调节作用后,设计洪水和校核洪水的洪峰分别削减了 31.9% 和 43.5%。

20 年一遇和百年一遇洪水由泄洪隧洞调节,设计和校核洪水由溢洪道和泄洪隧洞共同调节。从调洪来看,溢洪闸底槛高程拟应放在百年一遇洪水位 1 971.3 m 可以不设闸门控制,但为了防洪主动和水库安全起见,拟降低底槛高程,放在正常蓄水位 1 965.5 m,并设置 3 孔 8 m 宽的闸门予以控制。

松华坝水库工程特性见表2-3。

表2-3　松华坝水库工程特性

序号及名称	单位	扩建前	扩建后	备注
一、水文				
1. 盘龙江流域面积	km^2	761	761	
其中:松华坝上游径流面积	km^2	593	593	
松华坝下游径流面积	km^2	168	168	
2. 利用的水文系列年限	年	35	35	
3. 多年平均径流量	亿 m^3	2.027	2.027	
4. 流量				
多年平均流量	m^3/s	6.57	6.57	
实测最大流量(1966 年)	m^3/s	222	222	
调查历史较大流量(1905 年)	m^3/s	300	300	
调查历史最大流量(1857 年)	m^3/s	765	765	
农田保护标准入库洪峰流量($P=5\%$)	m^3/s	194	120	
城市防洪标准入库洪峰流量($P=1\%$)	m^3/s	284	150	
设计洪水标准入库洪峰流量($P=0.1\%$)	m^3/s	411	408	
校核洪水标准入库洪峰流量(P、M、F)	m^3/s	316	768.8	
5. 洪量				
实测最大洪量(5 d)	亿 m^3	0.606		1966 年
农田保护 20 年一遇洪量(10 d)	亿 m^3	0.705	1.506	
城市防洪 100 年一遇洪量(10 d)	亿 m^3	0.995	2.54	
设计洪量(10 d)	亿 m^3	1.41	3.66	
校核洪量(10 d)	亿 m^3	3.51	5.66	
6. 泥沙				
多年平均输沙量(悬移质)	万 t	5.29	5.29	
多年平均输沙量(推移质)	万 t	0.8	0.8	
多年平均含沙量	kg/m^3	0.27	0.29	
实测最大含沙量(小河)	kg/m^3	17.2	17.2	1979 年 7 月 2 日
实测最大含沙量(甸尾河)	kg/m^3	24.8	24.8	1979 年 7 月 18 日
二、水库水位和容积				
1. 水库水位(高程)				海拔
校核水位(P、M、F)	m	1 960.31	1 974.0	
设计洪水位	m	1 957.1	1 972.5	

续表2-3

序号及名称	单位	扩建前	扩建后	备注
百年一遇洪水位	m	1 954.35	1 971.0	
20 年一遇洪水位	m	1 949.8	1 966.8	
设计正常蓄水位	m	1 954.0	1 965.5	
初期蓄水位	m		1 964.0	
初期防洪限制水位	m	1 944.5	1 963.0	
死水位	m	1 928.8	1 928.8	
2. 回水长度	km	13	16.3	
3. 设计正常蓄水位时水库面积	km²		8.07	1965 年 5 月高程
4. 水库容积				
总库容(最大蓄水量)	万 m³	7 000	21 900	
调洪库容	万 m³	3 740	11 800	
调节库容	万 m³	4 675	10 100	
共用库容	万 m³	2 315	1 400	
死库容	万 m³	470	470	
5. 调节特征		当年调节	多年调节	
6. 水量利用系数	%		64	
三、下泄流量				
1. 设计洪水最大下泄流量	m³/s	265	375	
2. 校核洪水最大下泄流量	m³/s	719	675	
四、工程效益指标				
1. 防洪保护城乡面积	km²	70.0	70.0	
其中:防洪城市面积	km²	11.9	11.9	
2. 供给城市供水	亿 t	0.58	1.10	
3. 灌溉				
面积(自流)	万亩	8.7	2.7	
年用水总量	亿 m³	0.32	0.23	
4. 发电站装机容量	kW	3 000	3 000	
有功	万 kWh	381.2	300	
无功	万 kWh	1 751	1 200	
五、淹没损失				
1. 淹没耕地	亩	1 766	2 673.2	后者不含前者
2. 迁移人口	户	359	1 030 人	城市农转非

续表2-3

序号及名称	单位	扩建前	扩建后	备注
3. 搬迁房屋	间	637	79 686 m²	
六、主要建筑物				
1. 主坝				
型式		黏土、石渣料	混合坝	
防渗结构形式		心墙	复合式	
地基特征		玄武岩	河床砂卵石	
坝顶高程	m	1 962.0	1 976.0	层厚4~6 m
坝高	m	48.0	62.0	
坝顶长度	m	152.0	201.0	
2. 副坝				
坝型		均质土坝	土石混合坝	
地质特征		风化夹泥砂岩	同扩建前	
坝顶高程	m	1 961.0	1 976.0	
最大坝高	m	17	34.5	到心墙底
坝顶长度	m	120	354.6	
3. 泄洪隧洞				
型式		无压	无压	
进口高程	m	1 940	1 940	
断面尺寸	m	4×4.5	4×4.5	
检修闸门型式尺寸及数量	m	1×4×4.5	1×4×4.5	
工作闸门型式尺寸及数量	m	1×4×4.5	1×3×3.5	
最大泄量	m³/s	120	100	
总长度	m	220	220	
4. 溢洪道				
型式		宽顶闸堰	宽顶闸堰	
堰顶高程	m	1 952.7	1 965.5	
溢流段长度	m	1 320	1 393	
溢洪道设计泄量	m³/s	300	340	
5. 输水隧洞				
型式		圆形有压	圆形有压	直径1.6 m
进口高程	m	1 925.1	1 925.1	
最大出流量	m³/s	13.5	13.5	
总长度	m	407	407 支洞长31	进口至出口岔管

第三章　松华坝水库主要枢纽工程

第一节　主　坝

主坝位于松华坝峡谷处,坝基为二叠系玄武岩,右岸较破碎,左岸稍好,河床卵砾石层厚 2 ~ 5 m。水库主坝在扩建前后均为土石混合坝。大坝心墙全部采用较纯、含砾较少的尖山红色亚黏土填筑;上游坡在高程 1 926 m 以下以含砾石的亚黏土及含砾石的粉土性黏土混合填筑;下游坡在高程 1 926 ~ 1 921 m 填筑线以下为沙质黏土及含砾石的亚黏土填筑。这些部分的填筑均保证了压实质量,特别是心墙部分,压实质量较好。

在水库扩建之前,主坝坝高 48 m,顶长 152 m、顶宽 7 m(比原设计加宽 2 m)。坝坡分三级,分别为高 15、15、17 m。迎水坡比分别为 1:2.5、1:3.0、1:3.5,背水坡比分别为 1:2.0、1:2.5、1:2.75,并有馘台 3 道各宽 2 m。迎水坡安全系数为 1.387,背水坡安全系数为 1.385,略低于二级坝安全系数 1.4 的要求。大坝完工后,在运用过程中于 1959 年发现大坝渗漏和裂缝。由此对大坝实施加固工程,这次加坝的主要工程项目是:①放缓上游坝坡,整修下游坝坡。就地取材,利用玄武岩碎石盖重。②坝顶加宽,采用卵石、砂、泥混合做成路面,厚度为 0.5 m,坝顶高程由 1 961 m 提高到 1 961.5 m。③上游右岸渗漏处铺盖。将原铺盖加以整修并放缓坡比,表面再加砂砾石垫层及护坡石。④埋设观测设备。除原埋设一排 5 个绕坝渗漏的测压管外,在坝左部埋设一排 6 个测压管,沉陷桩布置 21 个。⑤公路整修。路面加 0.1 m 厚的砾石路面,增设小涵洞两个,部分路段改直。库内水尺观测小路,人工浆砌石,加宽为 1 m。⑥绿化造林 50 万 m²,计树苗 10 万株。加固工程完成后基本达到二级坝的要求。

但由于松华坝水库上游来水大,库容小,不能抗御特大洪水的袭击。同时,松华坝水库的水供不应求,需充分开发利用盘龙江水资源,因此再一次对松华坝水库进行加固扩建。主坝工程加固扩建的主要项目有主坝背水坡振冲加固,输水隧洞改造,坝体开挖填筑,混凝土防渗墙,主坝左侧山坡滑坡体处理,电站副厂房迁建,弃渣场和料场剥离等。

新坝轴线位于老坝轴线下游 47.25 m。右坝肩下游地形开阔,此处坝轴布置成向上游凹的弧线,圆弧半径 88 m,圆心角 36°,弧线长 55.29 m,坝轴线总长 190.29 m。坝顶高程 1 976.5 m,坝高 62.5 m,坝顶宽 10 m。加坝材料:坝体中部及上游坝体用黏土,与原坝体黏土相连,形成坝体的防渗结构。上游坡按稳定要求填一部分玄武岩石渣料盖重;下游坝壳在浸润线以上填玄武岩石渣料。黏土料与石渣料间填砂砾过渡层。上游坝坡分为 4台,坡比分别为 1:2.5、1:3.0、1:5.5 及 1:5.5,在 1 968 m 及 1 958 m 高程设有 2 m 宽的馘台,在 1 950 m 高程馘台宽 4 m。下游坡分为 5 台,坡比分别为 1:2、1:2.5、1:3.0、1:3.0及 1:1.5,在 1 964 m、1 950 m 和 1 937 m 高程分别设有 2 m 宽的馘台,在堆石棱体顶1 925 m 处设有 4 m 宽的馘台。

防渗结构轴线的平面布置,中间部分平行坝轴线,且在新坝轴线上游 30.25 m,两肩再折向新坝轴线。混凝土防渗墙顶深入新加坝体 5.5 m,墙顶高程为 1 958 m,河床部分墙底嵌入基岩 2~6 m,底高程为 1 909 m,最大墙高为 49 m,墙顶长 119 m,墙厚为 0.8 m,用 80 号掺黏土混凝土浇筑。

在混凝土防渗墙下及左右岸坝肩基岩做水泥帷幕灌浆。灌浆孔深入防渗墙下 11 m,达 1 898 m 高程。左右岸山坡,沿防渗轴线开挖结合槽,槽宽 5 m,槽底浇筑一层混凝土压浆板,其下做帷幕灌浆。左岸最大孔深 35 m,孔底高程 1 915 m,右岸最大孔深 55 m,孔底高程 1 905.m。排距 1.5 m,孔距 1.0 m。使用水泥浆。

下游排水设备布置成棱柱体。由于下游坡脚受右岸地形开阔的限制,不宜伸得太远,必须采用较陡的边坡,故排水设备采用较高的堆石棱体以保证下游坝坡的稳定。堆石棱体在地面以上高 11 m,顶高程 1 925 m,顶宽 4 m,上下游边坡 1:1.5,地面以下 7 m,截断卵砾石层,深入基岩 1.0 m,呈倒梯形,排水棱体上游面设两层反滤料。

考虑到水文因素的变动,为安全计,在坝顶设 1.2 m 高的钢筋混凝土防浪墙。坝顶公路做成沥青路面。上游坡在 1 950 m 以上用块石护坡,下游全坡面用块石护坡。戗台及坝面四周设排水沟,上下游坝坡各设石梯一道。

主坝总开挖方 11 万 m³,总填筑方 63.6 万 m³。加固扩建后主坝坝顶高程为 1 976 m,坝高为 62 m,坝顶宽为 10 m,坝顶长度为 201 m。完成 100 号混凝土防渗墙 6 369 m³,截水面积 4 650.84 m²;防渗帷幕长度 259.18 m,总进尺 18 806.8 m,耗用水泥 1 865.44 t。主坝背水坡振冲加密,振冲面积 8 160 m²,振冲体积 77 520 m³,整体开挖拆除 37.59 万 m³,填筑土石方 55.69 万 m³;左岸上游侧滑坡体处理,浆砌石 5 985 m³;迁建坝后电站副厂房 895 m²。主坝扩建工程完成后,经验收达到设计要求,被评为质量优良工程。

第二节　副　坝

水库扩建加固后,溢洪任务由正常溢洪道承担,不再设非常溢洪道,其位置改建成副坝。坝位处为一垭口鞍部,上下游临空,高差较大。右岸上游为泄洪隧洞进口,右岸下游为一冲沟。坝基位于向斜轴部,并近于正交,坝中部有一断层贯穿上下,岩层为泥质砂岩和砂质泥岩。坝轴线的确定主要受地形的影响,并考虑上游坝脚不受泄洪隧洞进口的影响,下游坝脚不受冲沟的影响。现在所选坝轴线位于非常溢洪道上游约 40 m 处。

副坝轴线为避开右岸下游冲沟,右坝肩布置成向上游凹的圆弧形,圆弧半径 105.64 m,圆心角 51.98°。弧长 106 m,坝轴线全长 371 m,坝顶宽 10 m,坝顶高程与主坝相同,为 1 976.5 m,最大坝高 23 m。副坝坝型为黏土心墙坝,上下游坝壳填玄武岩石渣料。上游坝坡分 3 台,1 966.5 m 以上坡比为 1:2.5,1 950 m 至 1 966.5 m 为 1:3.0,1 950 m 以下干砌堆石体坡比为 1:3.0。下游坝坡也分为 3 台,1 966.5 m 以上坡比为 1:2.25,1 955~1 966.5 m 为 1:2.75,1 955 m 以下为贴式式排水体,坡比为 1:2.75。黏土心墙顶宽 6 m,上下游坡比 1:0.3,心墙上下游设砂砾料过渡层,其水平填筑厚度平均为 3 m。

心墙底部用结合槽与坝基相连。结合槽深入坝基 5~10 m。在 0+186 至 0+296.6 段因受向斜及断层的影响,透水性较大,需做帷幕灌浆处理。帷幕深入结合槽以下 5~12

m,结合槽底部设混凝土压浆板。设两排灌浆孔,孔距、排距均为 1.5 m。

副坝与新开溢洪道的连接,在溢洪道右边墙处,心墙扩大到沿整个边墙,溢洪道左边的副坝采用黏土均质坝。沿溢洪道闸室设 3 道混凝土截流墙刺入副坝。副坝上游坡脚有约 5 m 厚的淤泥。采用堆石盖重,增加坡脚的稳定。在泄洪隧洞进口处,坝坡用干砌块石保护,免受水流冲刷,下游坡舌贴坡式排水体,用两层反滤料滤水。

坝顶设 1.2 m 高的钢筋混凝土防浪墙,坝顶公路做成沥青路面。上下游坝坡均用石块护坡,并各设石梯一道。上游在 1 950 m,下游在 1 966.5 m 及 1 955 m 处设 2 m 宽的戗台,戗台及坝面四周设排水沟。

埋于坝下的原正常溢洪道、非常溢洪道及其他建筑物均拆除。副坝总开挖方为 10.2 万 m³,总填方为 32.2 万 m³。黏土心墙及上下游玄武岩坝壳的填筑标准与主坝相同。

第三节　泄洪隧洞

松华坝水库加固扩建之前,泄洪隧洞位于原正常溢洪道右侧 45 m 处,洞身穿过砂泥岩,与岩层走向近于直交。隧洞于 1963 年建成,为上下圆拱加直边墙的钢筋混凝土无压隧洞。拱顶衬砌厚 0.5 m,边墙和底拱 0.6 m,净高 4.5 m,净宽 4 m,进口高程 1 940 m,底坡 1%,设计流量 100 m³/s。洞线在平面上有 50° 的转角,用主曲线半径为 70 m 带有螺旋线过渡段的复曲线连接。洞身长 217.82 m,出口设扩散段消力池,池宽 13 m,深 3 m,长 28.3 m,消能后接曲线尾水渠,交入溢洪道下段,全长 412 m 隧洞进口段为压力廊道,底宽 4 m,顶部为 1:20 的压坡线。廊道长 29.575 m,后接竖井式闸门井,井口高程 1 960 m,与地面齐平。井内设工作闸门及事故检修门各一套,均为 4 m×4 m 平面定轮门,上游水封。闸门后有一长 23.2 m 的渐变段,洞高由 6 m 变为 4.5 m,平底变为拱底。

水库扩建后,泄洪隧洞将单独调节 20 年及百年一遇洪水,与溢洪道共同宣泄 500 年一遇以上洪水,以及泄空水库的作用。设计水位由原 1 958 m 提高到 1 972.6 m,隧洞的泄流能力,洞内流态、消能工,以及结构强度都能满足安全要求。

一、闸门

原工作闸门及事故检修闸门均为 4 m×4 m 平面定轮钢闸门,上游水封,设计水头为 22 m,总水压力 342 t,每扇闸门用 2×50 t 卷扬机启闭。水库扩建后,为了满足闸门井的强度要求,将事故检修闸门改为下游水封的平面定轮门,封孔尺寸为宽 4 m,高 4.5 m,使用条件为动水下门,静水启门。为了满足闸门井及渐变段的强度要求,在不小于 100 m³/s 的情况下,将工作闸门的封孔尺寸减小为宽 3 m、高 3.5 m 的平面定轮钢闸门。两扇闸门设计水头均为 35 m,仍用 2×50 t 卷扬机启闭。

二、闸门井

(1)由于两扇闸门封孔尺寸不一样,其间的边墙设椭圆曲线相连接,由宽 4 m 变至 3 m,顶板设有椭圆曲线后接 1:5.5 的压坡相连接。由高 4.5 m 变为 3.5 m,底板高程不变。

(2)原事故检修门的上游顶水封座已不需要,须拆除,主轮走道埋件强度不够,需拆除重新加工制作。原工作门的上游门槽需拆除重新安装反轮埋件;下游门槽棱角用半径为 10 cm 的圆弧修圆,后接 1:12 收缩段,并用钢板保护,以防止门槽被气蚀。两扇闸门的主轮仍放在原门槽位道,两扇闸门间设一直径 30 cm 的排气孔。

(3)原竖井中间隔墙强度不够,结合着下游门槽的改建,在隔墙下游面,用钢筋混凝土将隔墙 0.95 m 加厚至 1.2 m。

(4)拆除原启闭机房,将闸门井筒往上接高至 1 976.5 m,接高 16.5 m,接高部分不再设闸门槽。

(5)1 976.5 m 高程设闸门检修平台,层间高 7.7 m,上设启闭机房。由于启闭机房的平面尺寸大于井筒的平面尺寸,机房支于悬臂上,为了减轻重量,机房采用轻型高架结构,机房地坪高程为 1 987.2 m。

三、渐变段

水库扩建后,闸后渐变段强度不够,特别是前段,采取的处理措施如下:

(1)工作闸门宽现为 3 m,闸后渐变段原宽度为 4 m,在渐变段前 6 m 的边墙及拱顶加衬 0.5 m 厚的钢筋混凝土,以后用 1:12 的扩散角将底宽 3 m 扩至原宽度 4 m,扩散段长6 m。

(2)从渐变段起至副坝轴线处,再做回填灌浆,并增加排水孔,以减少地下水的作用。排水孔的排距由原 6 m 减为 3 m。每排的孔数,洞身段由原 2 个增至 3 个,渐变段再增加2 个。

(3)其他。

①增设一座工作桥,由副坝连至闸门井。桥面高程 1 976.5 m,型式为钢筋混凝土空腹拱桥,跨距 50 m,拱高 10 m,桥面净宽 3.2 m。

②隧洞尾水渠从 0 + 423.705 m 起进行改建,用半径为 218.7 m,转角为 24°的圆弧渠道与新建溢洪道相连接,交角为 31.7°。

第四节　输水隧洞

在水库加固扩建之前,输水隧洞位于主坝左岸,为圆形有压隧洞。进口高程 1 925 m,底坡为 0.001 5,内径为 1.70 ~ 1.75 m,很不规则。由进口至出口油压闸室,洞长 401.5 m,其中 321.8 m 的洞身为素混凝土衬砌,71.9 m 为钢筋混凝土衬砌。自 0 + 297.5 m 里程以后未进行固结灌浆。洞线在平面上有一个 43.8°的转弯,转弯半径为 124.302 m。

隧洞在 0 + 73.5 m 处设有检修闸门井,内设 1.8 m × 1.8 m 钢筋混凝土检修门一套,启闭机为固定式卷扬机,用人力启闭,操作困难,在 0 + 366.5 m 处设有一圆筒式调压井。隧洞出口设有 1.75 m × 1.75 m—50 m 油压闸门一套,闸底高程 1 924.4 m。

水库加固扩建后,检修门改为 1.6 m × 1.6 m 平面定轮钢闸,用 40 t 高扬电动卷扬机启闭,相应闸门前渐变段改为有直径 1.6 m 圆形变为 1.6 m × 1.6 m 方形,闸门后渐变段尺寸不变,仍为 1.6 m × 1.6 m 方形变为直径 1.6 m 圆形。隧洞进口高程为 1 925.1 m。扩建后,拆除原启闭机房,井筒往上接高至 1 976.5 m,上设检修平台,层间高 4.5 m,再设启闭机房,机房采用轻型钢架结构。

输水隧洞不参加泄洪,检修水位设置在正常水位 1 965.5 m。到启闭机房的交通问题,架设工作桥,桥高 19 m,长 70 余 m,呈折线形,桥头山坡不稳,故采用沿井筒外壁设螺旋悬臂楼梯上下,水位低于 1 962.1 m 时,从所设路堤通过,高于此水位用船渡过。由于电站迁建,调压井不再需要,在调压井底部设一直径为 50 cm 的人孔,作为检修时进入隧洞的一个通道。油压闸的设计水头为 50 m,满足加坝后的要求,仍然保留,作为隧洞出口钢管段的检修门,闸室外面用挡墙围护挡住土坝,挡墙高 5 ~ 10 m。

出口改建,从坝后电站斜进水管 1 919.8 m 高程处,用一变直径(1.8 ~ 1.6 m)弯管开始接出,穿过电厂,并置于水轮机层的 1 916.4 m 平台上,然后引出坝外。在坝外 0 + 486.868 m 处分为两岔:一岔往左沿山脚至自来水厂控制室,管径 1.3 m,分岔角 30°;一岔往右至灌溉闸室,管径 1.0 m,分岔角 25°,分岔以前内径为 1.6 m。以上各管均为管壁厚 10 mm 的钢管,外面包 30 cm 的钢筋混凝土。水厂控制室设闸阀、流量计等设备,再分两岔至二水厂和一、四水厂。灌溉闸室设宽 1.0 m、高 0.8 m 的闸门控制,出口高程 1 916.1 m,放水至金汁河,再以分水闸分水至盘龙江。分水闸建在灌溉管出口消力池下游约 80 m 处,金汁河上的闸设二孔,孔宽 3 m,设闸枋控制,盘龙江上的闸设一孔,宽 4 m,设平面钢闸控制。经改建后,二水厂取水管以及原金汁河至盘龙江的分水闸不再使用。

隧洞工程完成开挖土石方 9 906 m³,砌石方 2 033 m³,混凝土及钢筋混凝土 1 474 m³。隧洞内固结灌浆 139 孔,钻孔进尺 110.4 m,水泥注入 4.3 t。外水压力测压管 5 孔,进尺 198.2 m,安装测压管 200.1 m。隧洞壁修凿 394 m,修凿混凝土 110.8 m³。内衬钢管 398.24 m,用钢板共 185.86 t。安装钢管后回填灌浆水泥共注入 249 t,用砂 46 t,水玻璃 29 kg。在后来的加固扩建工程中又进一步对输水隧洞改造,检修闸竖井旧壁加固加高,更换闸门、新建工作桥。调压井井壁加厚加高。出口闸上游新接 31 m 支洞,钢管直径 1 400 mm,为自来水专用管。在后来的运用过程中未发现大的异常现象。

第五节　溢洪道

水库扩建前,松华坝水库的正常溢洪道是 1967 年在老溢洪道的基础上改建而成的,分为上下两段,全长 1 355 m。上段包括溢洪闸及陡坡消力池,下段包括一、二、三级跌水及明渠。上段设计流量为 155 m³/s,校核流量为 252 m³/s。下段加入泄洪隧洞流量 100 m³/s 后,设计流量为 255 m³/s,校核流量为 352 m³/s。溢洪闸位于副坝右侧,基岩为砂岩、泥岩。溢洪闸为两孔,每孔净宽 5 m,底槛高程 1 952.6 m,其上安装两道 5 m × 5.6 m 的弧形闸门。闸后接宽 11.5 m 的陡坡消力池,落差 18.1 m,单宽流量 13.48 m³/s。消能后与泄洪隧洞泄水汇流进入溢洪道下段第一级跌水。

水库加固扩建后,新建溢洪道上段位于副坝左坝肩,其路线为直线,与副坝轴线的交角为 63.35°,与溢洪道下段的交角为 31.7°。上段全长 383.59 m,落差 31 m。

一、进口段

溢流堰前为 16 m 长的进口段,底坡 $i = -0.1$,两岸为圆弧形混凝土重力翼墙,形成喇叭口。

二、溢流堰

溢流堰设置在副坝轴线偏向上游,坐落在泥岩及砂岩上,岩层走向与闸室轴线大致平行,岩层倾角34°～53°。堰顶高程1 965.5 m,堰宽27 m,长51 m,分为3孔,每孔净宽8.9 m,中墩厚1.5 m,堰上设8 m×7 m弧形钢闸门3套。溢流堰基底岩层左边为砂岩,右边为泥岩,岩性软硬不同,岩层风化强烈,为避免不均匀沉陷而导致闸门启闭不灵,闸体采用整体式结构,即边墙、中墩及底板连成一个整体,用钢筋混凝土浇筑。溢流闸与副坝的接近处,右面的副坝黏土均质坝。闸体边墙及底板设3道截流环与副坝及地基连接。

溢流闸边墙宽1.5 m,底宽1.8 m,中墩厚1.5 m,底板厚1.8 m。弧形闸门半径为12 m,支铰高8 m,设计水头7 m,总水压力225 t,分别用3台QPQ－2×16 t卷扬机启闭,启闭机房为框架结构,机房地坪高程为1 982.2 m。闸顶设交通桥,连接主、副坝,桥宽10 m,长31.27 m,支于溢洪闸边墩及中墩上,按四级公路桥设计,为钢筋混凝土板梁结构斜交桥。

三、陡坡及消力池段

陡坡为矩形断面,宽27 m,设计单宽流量13 $m^3/(s \cdot m)$,水平长度210 m,前25 m i = 0.1,后185 m i = 0.173。底流消能,消力池长40 m,宽27 m,深4 m,消力池底高程1 930.5 m,最大开挖深20 m,边坡13 m,边墙高9.5 m。陡坡及消力池边墙采用混凝土重力式挡墙。底板为钢筋混凝土,厚0.4 m。消力池底板厚分为1.2 m、1.0 m、0.8 m三段。

为了排除挡土墙后积水,减轻浮托力,在边墙上设一排间距为3 m的排水孔,并在整个底板下用纵横排水沟组成排水网,将渗水由消力池底板排水孔排除。

四、第一级跌水

溢洪道上段与泄洪洞汇流后经61 m长的水平段进入第一级跌水。跌水顶高程1 934.5 m,跌差8.5 m,跌坡 i = 0.289 4,宽30 m,单宽流量13.3 $m^3/(s \cdot m)$。底流消能,消力池宽30 m,深3.5 m,长35 m。消能后用长30 m的变断面尾水渠0＋514.24 m处与溢洪道下段相连接。

新开溢洪道土石方开挖22.2万 m^3,混凝土及钢筋混凝土3.3万 m^3。

第六节　水电站

发电厂是电力系统的中心环节,它是把其他形式的一次能源转变成二次能源的一种特殊的工厂。按一次能源形式的不同,可以分为火力发电厂、水力发电厂、核能发电厂及其他类型的发电厂。

火力发电是利用煤、石油、天然气或油页岩等燃料的热能将锅炉中的水变成高温高压蒸汽,推动汽轮机,带动发电机发电的工厂。它又分为凝汽式发电厂和热电厂,前者专用发电,热效率只有30%～40%,宜建在燃料产地,后者既发电又向用户供热,热效率可达

60% ~70%,宜建在热用户附近。

　　水电站是利用河流的水能,推动水轮机,带动发电机发电的工厂。水电站的装机容量与水头、流量及水库容积有关。按集中落差的方式,水电站一般分为堤坝式、引水式和混合式三种;按主厂房的位置和结构又可分为坝后式、坝内式、河床式、地下式等数种;按运行方式则分为有调节水电站、无调节(径流式)水电站和抽水蓄能水电站,后者系利用夜间用电低谷时或丰水期的剩余电力,使水轮机以水泵方式工作,将下游的水抽回到水库内积蓄,以便峰荷或枯水时发电的形式。

　　松华坝电站建于 1967 年,是松华坝水库的配套电厂。厂房位于主坝下输水隧洞出口,不承受水的压力,属于坝后式电站。由于松华坝水库主要功能为防洪、灌溉及城市供水,因此电厂在昆明电网中的地位并不重要,特别是随着昆明城市规模的扩大,水量供需矛盾突出,电厂处于停产阶段,年发电时间很少。

　　松华坝电站装设了一台混流立式水轮发电机组,型号为 TS – 325/44 – 22,容量为3 000 kW,功率因数 0.8,转速 273 r/min,发电机出口电压 6.3 kV,飞轮惯性力矩 GD2 =85,短路比不小于 1。发电机采用开启式川流通风冷却方式,并具有水灭火装置,发电机采用直接励磁,励磁机容量 52 kW,电压 145 V,电流 360 A,转速 273 r/min,永磁发电机为TY – 56/13 – 10,h 容量 1.5 kW,电压 115 V,频率 50 Hz,功率因数 0.4。电站发电年利用时间仅为 1 700 h,设计平水年发电量为 508 万 kWh,电站在昆明系统中所占比例较小,投入运行后大部分时间将作调相机运行。有两回出线接至 110 kV 茨坝降压站,另一回送电连至近区用电户(作广播电台备用电源)。

第四章　松华坝电站的电气设备

第一节　电气主接线

电气主接线是水电站电气部分的主体。它与电力系统、枢纽条件和电站运行的可靠性、经济性等密切相关。同时，对设备选择、电气布置、继电保护和控制方式等都有较大的影响。在设计主接线时，必须紧密结合所在电力系统和电站的具体情况，全面分析有关影响因素，正确处理它们之间的关系，通过技术经济比较，合理地选定电气主接线方案。尽管各电站主接线不完全相同，但均应满足以下几点要求：

（1）运行的可靠性。主接线应首先满足这个要求，保证对用户供电的可靠性，特别是保证对重要用户的供电。

（2）运行的灵活性。主接线应能灵活地适应各种工作情况，特别是当一部分设备检修或工作情况发生变化时，能够通过倒换运行方式，做到不中断对用户的供电。

（3）主接线系统还应保证运行操作的方便及运行的经济性。在满足可靠性、灵活性要求的前提下做到经济合理。

在设计松华坝电站电气主接线时，主要考虑了以下各点。

一、接入系统电压的选定

松华坝电站距茨坝变电站 5.8 km，按照要求，电站应接入变电站 6 kV 母线。电站施工时，已由茨坝变电站以一回 6 kV 线路供给施工用电。当电站以双回 6 kV 线路送电时，其电压降即达 9% 左右。由于茨坝变电站 110 kV 侧母线在网络上距电力系统的主要电源点（昆明第三发电厂）较近，电压水平较高（变电站低压侧经常在 6.6 kV 左右）。若电站仍采用发电机电压 6.3 kV 直接送电，已不能满足要求（计算表明，当机组满负荷时，本电站侧出线电压达到 7.2 kV 左右），因此需要增加升压变压器。在此情况下，除以 7.2 kV 送电的方案外，曾考虑以 10.5 kV 升压送电的方案（此时在茨坝侧亦应装设降压变压器）。计算表明，10 kV 为标准电压，而 7.2 kV 系非标准电压，用 10.5 kV 升压送电的方案在技术上、经济上都比 7.2 kV 优越，且用一回 10.5 kV 线路送电即可满足要求。因此，设计单位提出 10.5 kV 单回线路的方案，并会同昆明电业局共同进行了研究。电业局的意见是采用 7.2 kV 送电，其理由是：

（1）茨坝地区系 6 kV 配电系统，若采用 10.5 kV 可能要牵涉到改压的问题。

（2）已将一台 SJ – 2400/35 kV 的变压器改装为 7.2 ±5%/6.3 kV 变比的变压器，若不采用 7.2 kV，势必造成浪费。

（3）在茨坝地区雷电活动强烈，线路事故较多，为保证供电可靠，线路故障时又不引起弃水，故需要采用双回线路。

根据以上理由,故松华坝电站仍以 7.2 kV 电压接入系统。

二、关于主接线方案

电站增加升压变压器后共有两种电压,即发电机电压 6.3 kV 及升高电压 7.2 kV。是否采用两种电压配电,在设计主接线时曾作了考虑。经过调查分析,认为只宜采用 7.2 kV 一种电压配电。理由如下:

(1)电站以防洪、灌溉及城市给水为主,运行方式简单。若增加发电机电压配电,则将增加电站的复杂性。

(2)电站距茨坝变电站仅 5.8 km,电站动力及照明用电和近区农田排灌用电均属茨坝变电站 6 kV 供电范围,故在本电站除接至广播电台作为其备用电源外,不再供给近区用电。在松—茨线上亦不接任何负荷。

(3)电站厂用电负荷不大。虽然选定方案需要装设非标准电压的厂用变压器(7.2 ± 5%/0.4 ~ 0.23 kV),这可将旧型(6.6/0.38 kV)变压器改装,也可重新订货。

(4)茨坝地区雷电活动强烈,按电站具体情况,不宜采用发电机电压配电。

基于以上理由,电站采用发电机变压器单元接线,7.2 kV 侧为单母线接线,6.3 kV 侧不引出任何负荷。

第二节　电气设备的选择

各种电气设备的具体选择条件并不一样,但对它们的基本要求却是相同的,为了保证它们可靠地工作,选择电气设备时必须符合下列基本原则:一是按正常运行条件选择,二是按短路条件进行校验。松华坝电站以茨坝变电站 6 kV 侧设备选择的短路电流计算值为依据,电站选用与茨坝变电站相适应的设备。

主要设备选择如下:

(1)油断路器。发电机变压器组及输电线路油断路器选用 SN1 – 10 型,10 kV、200 MVA,额定电流为 400 A。所有断路器均装在经过修改的 GG – 1 型成套开关柜内。

(2)隔离开关。选用 GN6 – 10 及 GN8 – 10 型,10 kV,400 A。两种隔离开关按成套开关柜标准配置,即接至母线处用 GN8 – 10,线路处用 GN6 – 10。

(3)电流互感器。发电机—变压器组保护回路选用 LGFC10 – C/0.5,400/5(高低压侧同),线路保护回路选用 LGF10 – 0.5,变流比对松茨线选用 400/5,至广播电台备用线为 200/5。

(4)电压互感器。发电机出口处采用 YSJW – 6 型,6000/100 V,7.2 kV 母线上用 YSJW – 6 型,6000/100 V,各线路同期用电压互感器采用 YJD – 6 型。

(5)母线绝缘子及穿墙套管。绝缘子采用 ZB – 10T 型,穿墙套管选用 CB – 10/600 型。

(6)高压电缆。发电机至变压器之主电缆采用二根 AСьГ – 10,3 × 120 铝芯电力电缆;松茨线引出段采用 СьГ – 10,3 × 185 电力电缆;厂用变压器 7.2 kV 侧用 СьГ – 10,3 × 16 电力电缆。

（7）避雷器。由于7.2 kV为非标准电压，选用比较接近的一级（6 kV）避雷器，即LD-6型。

电气设备规格均示于电气主接线图中。

第三节　电气设备布置

主厂房内安装一台立式水轮发电机组和一台PO-40型调速器。发电机层高程为1 920.3 m。发电机定子埋入发电机层楼板下，发电机主引出线和中性点引出线均在下游侧。

水轮机层高程为1 916.40 m，水轮机层下游侧还布置有自动灭磁板及发电机出口电压互感器。

副厂房共4层，与安装间相邻。

副厂房底层（标高1 915.4 m）布置有厂用直流系统设备。设计有蓄电池室、充电机室、储酸室、套间以及专供蓄电池用的通风机室。厂用变压器也布置在该层，厂用变压器室内东南角为电缆井。

第二层（1 918.3 m）为电缆室。

第三层（1 920.3 m）为主控制室。该室内装有Π_{CC-550}型直流盘3块，BSL-1型厂用动力盘2块，KP-1~800型发电机保护盘、水轮机自动保护盘、励磁盘和中央音响信号盘各1块，送电线路保护盘3块。共计12块盘，成π形布置。另预留有遥控盘位置。

7.2 kV配电装置靠墙布置在主控制室内上游侧。该装置由8块GG-1型成套开关柜组成。即茨坝送电线2块，线路电压互感器1块，广播电台送电线1块，厂用变压器和线路电压互感器合用1块，母线电压互感器1块。母线避雷器1块及发电机—变压器单元进线1块。

第四层（1 925.4 m）为办公室、电话室、电工仪表室等。

升压变压器位于副厂房上游侧，紧邻副厂房平地上（1 915.7 m 高程）。变压器周围以独立栅栏围护。变压器检修栏就地搭架进行。

屋外电缆沟与副厂房电缆竖井连通。电缆沟盖板比地面高出5 cm左右。

第四节　防雷与接地装置布置

为了保证电站的安全运行，必须限制作用于设备上的过电压，因为过电压如超过电气设备绝缘强度的允许值，绝缘将遭到损坏，造成事故。将避雷器与电气设备并联，由于避雷器的放电电压低于电气设备的绝缘耐压值，当过电压波袭来时，避雷器先放电，避免电气设备上的电压升高，从而保护了设备。

水电站过电压的来源有三个方面：①直击雷过电压；②感应雷过电压；③侵入波过电压。

阀型避雷器是保护水电站最重要、最基本的元件，作用是限制雷电侵入波过电压的幅值。在松华坝电站7.2 kV电压母线上装设有LD-6型避雷器，保护接到母线上所有的电气设备。在电站架空线各终端塔上,还装有一组 LX－6 阀型避雷器。

为了保护屋外升压变压器免受直接雷击,采用 18 m 高独立避雷针进行防雷保护,因避雷针高出被保护物,其作用是使地面电场发生畸变,将雷电吸引到避雷针本身,然后安全地把雷电流导入大地,从而保护了设备。避雷针采用独立的接地装置。

水电站的接地装置供保护接地和工作接地之用,接地装置应安全可靠、经济合理。在水电站中,应敷设由棒形和带形接地体组成的人工环形接地网。松华坝电站厂房内接地网在水轮机层和发电机层布置成两个环路。为了改善在接地时厂内电压的均匀分布和降低接地电阻,设计中利用了混凝土中的钢筋,接地网与钢筋连接。厂内接地网利用了水轮机的压力钢管、蜗壳、尾水管钢板和尾水闸门门槽等自然接地体,进一步降低了接地电阻。

全厂设备的接地带连成为整个的接地网。接地电阻要求不大于 10 Ω。接地带用25 ×4 扁钢,引下线用 12 ×5 扁钢。

第五节　厂用电接线

厂用电在任何情况下,都是最重要的负荷。厂用电工作的可靠性在很大程度上决定着水电站运行的可靠性。如果厂用电中断或重要辅助机械发生故障,都有可能引起电站的出力下降、机组停运甚至使全站停电。因此,对水电站的厂用电应保证高度的供电可靠性。

为了保证水电站能安全满出力发电,对水电站厂用电要求除安全可靠、不间断供电外,还要求有灵活性、经济性及检修、操作方便,并能适应水电站正常、事故、检修等各种情况下的供电要求。万一全厂停电,应能尽快地从电力系统中取得启动电源,迅速恢复正常工作。

在了解水电站电气主接线、电站运行方式以及在系统中的作用前提下,根据厂用电基本要求及特点,来确定厂用电压等级、厂用变压器台数、厂用电源的引接方式及接线形式。

松华坝电站厂用电是从 7.2 kV 母线上取得,经过一台厂用变压器,将 7.2 kV 降至 400/230 V,供给机组和其他公用设备用电。

松华坝电站厂用电范围仅包括主副厂房的动力和照明等用电设备。

厂用电负荷的大小,是确定水电站厂用电接线的供电方式、选择厂用变压器的容量及台数的依据。经过负荷分析,厂用变压器的容量选定为 100 kVA,采用 SJ－100 型,电压 7.2 ±5%/0.4 ~ 0.23 kV,Y/Y－12 接线。电站较为重要的电动机均能自启动。

电站的厂用负荷甚少,加之较为重要的蝴蝶阀操作电动机系由直流供电,因而使用一台厂用变压器已足够可靠。当电站发电机停机或厂用变压器检修时,电站可通过自茨坝变电站供电的近区网络中取得厂用电源。

本电站生活区用电及水库管理动力及照明用电等,均由茨坝变电站供电至松华抽水站的线路上分支降压取得。

第六节　厂用电系统事故处理

厂用电源中断,将会引起停机甚至全厂停电事故。因此,在正常运行中,值班人员应调整运行方式,保证对厂用电系统的可靠供电,并应作好事故预案。当厂用电系统发生事故时,其处理的总原则是尽可能保持厂用设备的运行,特别是重要厂用设备的运行。

一、事故原因

(1)厂用变压器故障。
(2)380 V厂用母线短路。
(3)厂用变压器高低压侧两个以上保险熔断。
(4)松茨二回突然事故停电而重合闸未重合成功。
(5)整个茨坝变电站电源消失。

二、事故现象

(1)380 V母线短路时,厂用电流表摆满。
(2)厂用信号继电器掉牌,厂用380 V低压A型开关跳开。

三、处理方法

(1)若系变压器内部故障应立即汇报调度员,将松茨二回由茨坝断开,注意不能用隔离开关切除短路故障。
(2)复归掉牌继电器。
(3)若系永久性故障而暂时不能恢复供电,应与调度联系解列停机。
(4)若厂用变高低压侧两个以上保险熔断时,则应查明原因换好保险丝后才能供电。

第七节　直流电源

一、蓄电池直流操作电源

小型水电站中蓄电池是最可靠的操作电源,它的电压较为稳定,不受电网电压的影响,在电网事故状态下能可靠地保证继电保护与自动装置的供电和提供事故照明,因此在电力系统中得到广泛应用。

蓄电池的运行方式有两种:①充电—放电方式;②浮充电方式。

充电—放电运行方式是用已充电完好的蓄电池供给直流负荷,这时充电装置断开,待蓄电池逐渐放电到保证容量的75%~80%时,再进行充电。充电—放电运行方式需要频繁地充电,极板的有效物质损伤极快,在运行中若不按时充电、过充电或欠充电更易缩短蓄电池的寿命,而且运行中操作复杂,所以使用较少。

蓄电池处于浮充电方式运行时,蓄电池组与浮充电装置并联工作。整流装置一方面供给直流母线上的经常性负荷,另一方面以不大的电流向蓄电池浮充电,用以补偿蓄电池因自放电造成的损失,使其经常处于满充电状态。采用浮充电方式运行,既可减少运行维护工作量,又可提高直流系统工作的可靠性,也不需要频繁地充电,使其使用寿命大大延长。这种运行方式应用广泛。

松华坝电站采用一组 220 V 的铅酸蓄电池组,具有端电池调整器,以浮充电方式运行。充电及浮充电装置皆为电动发电机组。充电及浮充电机组的操作和蓄电池电压的调整均在中央控制室相应的直流盘上进行。当充电或浮充电机组发生故障时,由保护装置动作切除,并发出故障信号。

电站采用了带分段刀闸的单母线系统。对于重要的馈电线如全厂的操作保护回路、断路器合闸线圈回路等由两回路供电,分别自两段母线上引出,结成环路。

二、直流系统的绝缘检查装置

直流系统的绝缘检查装置是用来监视直流系统绝缘状况的。电站中直流操作电源的供电网络比较复杂,涉及范围很广,特别是要用很长的控制电缆与户外配电装置内的器具连接,如断路器的操动机构、隔离开关的电锁等。这些器具很容易受潮,因此直流回路的绝缘电阻可能下降。当绝缘电阻降低到一定程度时,将会导致电站正常工作的破坏,产生误动作。因此,必须在直流系统中装设绝缘监视装置。

松华坝电站采用的绝缘监视装置由三部分组成:

(1)绝缘监视信号装置:由电阻 1C、3C 和一个由 DL – 11 型电流继电器改制的信号继电器 1PC 及切换开关 5nN 组成。

(2)绝缘监视测定装置:由切换开关 4nN、可平滑调整刻度为 0 ~ 1 000 Ω 的分压器和特制的电压表 4 V 组成。

(3)直流母线接地检查电压表切换装置:由电压表 1 V、2 V 和切换开关 1nN、2nN 组成。

第八节　测量表计

一、表计系统

测量仪表是电站运行人员的"耳目",借助于测量仪表,运行人员能够对发电机、变压器和配电装置的运行情况进行监视。为此,在各元件相应的配电盘上装有如下表计:

(1)发电机回路上装设的表计。

定子电流表 3 个,有功无功表(附切换开关)、功率因数表、有功电度表、无功电度表、定子电压表(附切换开关,测量 1 个线电压、3 个相电压和开口三角形电压)、转子电压表(附切换开关,测量转子电压及二极对地电压)、转子电流表各 1 个。

(2)7.2 kV 电压母线上装设的表计。

周波表 1 个,电压表(附切换开关,测量 1 个线电压、3 个相电压和开口三角形电压)1 个。

（3）厂用变压器上装设的表计。

电流表、电压表（附切换开关，测量 1 个线电压、3 个相电压）、有功电度表各 1 个。

（4）送电线路上装设的表计。

电流表、有功表各 1 个。

（5）直流系统上装设的表计。

浮充电机电流表 1 个，Ⅰ段母线电压表 1 个（附切换开关，可测量直流母线电压及正极或负极母线对地电压）；电压表 1 个（附切换开关，可测量蓄电池充电电压、蓄电池放电电压、充电机电压及浮充电机电压）；绝缘检查用电压表 1 个；蓄电池浮充电流表 1 个；蓄电池负荷电流表 1 个；充电机电流表 1 个；Ⅱ段母线电压表 1 个（附切换开关，可测量直流母线电压及正极或负极母线对地电压）。

（6）同期装置表计。

其上装有同期表 1 个（附切换开关），电压表 2 个，频率表 2 个。

二、发电机温度的监视及测定

（1）发电机线圈、铁芯、轴承及其油槽温度的监视及测定在中央控制室中央音响信号盘上进行。测温装置由温度比率计及切换开关组成。测温系统电源为 4.5 V 的直流电源，由装在同一盘上的干电池经操作开关供电。为补偿电缆电阻，在接线系统中设有调整电阻排，调整电阻排上附有标准电阻，用以校准温度测定系统。

（2）在机组外壳主机测温板上装有 TC－100 型温度信号计 4 个，用以自动监视推力轴承及上、下导轴承的温度。

第九节 信号监测

在电站中除用仪表监视设备的运行外，还必须装设各种信号装置来反映设备的事故和不正常情况，以便及时提醒运行人员注意。

松华坝电站装设以下两种信号：

（1）音响及照明信号（事故及故障音响信号合并）；

（2）位置信号。

音响信号装置具有重复动作与手动复归的性质。

（1）音响及照明信号：当水力机械、电气或其他设备发生事故时，由于保护装置的作用使设备从系统中切除或停止运转。若发生故障或不正常运行情况时，用以通知运行人员。

以上两种情况发生时，相应的信号继电器表示牌落下，发出音响信号，并点亮相应的信号灯。信号考虑一定的延时，用以避免误发信号。为监视信号回路有无电压，由信号灯 91nь 来监视。

（2）位置信号：为使运行人员比较清晰地了解电站中设备位置情况，所有断路器位置信号皆集中于中央控制室相应盘上，以红绿灯示之。

第五章　松华坝电站自动控制

第一节　电站继电保护的配置

继电保护装置是电力系统中的一个重要组成部分。它对电力系统的安全稳定运行起着极为重要的作用。电力系统在运行中,可能出现故障和不正常工作状态。故障和不正常工作状态若不及时予以处理,都可能引起事故。继电保护是一种重要的反事故措施,它的基本任务是:

(1)当电力系统出现故障时,继电保护装置应能快速、有选择地将故障元件从系统中切除,使故障元件免受损坏,保证系统其他部分继续工作。

(2)当系统出现不正常工作状态时,继电保护能及时反应,发出信号,告诉值班人员予以处理。

继电保护的配置是否合理,直接影响到电力系统的安全运行。如果配置不合理,保护将可能误动或拒动,从而扩大事故停电范围,有时还可能造成人身和设备安全事故。选择保护方式时,应能满足可靠性、选择性、灵敏性和速动性的要求,力求采用最简单的保护装置来满足系统的要求。

根据电站的装机容量、在系统中的地位以及可能发生的故障和不正常工作状态,松华坝电站装有下列继电保护装置:

(1)发电机—变压器组保护;

(2)松茨平行线路保护;

(3)厂用变保护。

一、发电机—变压器组保护

发电机—变压器组保护由下列保护装置组成:

(1)纵联差动保护装置。

为了保护发电机—变压器组范围内的多相短路事故,由 3 只 DC – 11 型差动继电器和 3 只 FB – 1 型速饱和变流器组成。为了减少保护回路的不平衡电流,在保护回路中采用了一组 FY – 1 型自耦变流器。保护装置作用于机组停机并使发电机—变压器组断路器跳闸和机组自动灭磁。

(2)低电压起动过电流保护。

为了保护因外部短路而引起的发电机定子线圈的过电流。保护装置由 3 只 DL – 11/10 型电流继电器及接于电压互感器 1TH 线电压上的 DJ – 122/160 型电压继电器所组成。保护装置延时动作于跳开发电机—变压器组断路器并自动灭磁。

(3)过电压保护。

为防止水轮发电机突然甩负荷引起的定子线圈内产生过高电压从而击穿绝缘的危险,由一只 DJ-111/200 型继电器接在发电机引出口电压互感器 1TH 线电压上所组成。保护动作于跳开发电机—变压器组断路器并自动灭磁。

(4)励磁消失保护。

发电机失磁后,转入异步运行,向系统吸收大量的无功功率,引起系统电压下降,严重时甚至可使系统崩溃。为保证发电机和电力系统的安全运行,应防止发电机的励磁电流下降到低于静态稳定极限所对应的励磁电流值或励磁电流完全消失。正常运行时,若自动灭磁开关 AΓn 跳闸,则利用其辅助接点立即跳开发电机—变压器组断路器。

(5)过负荷保护。

为防止过负荷引起发电机过电流。本装置由一只 DL-11 型电流继电器接在发电机相电流上构成,保护装置经时限动作于发出信号。

(6)定子单相接地保护。

单相接地时,发电机定子铁心烧伤程度与接地电流的大小及故障持续的时间有关。规程规定:当接地电流等于或大于 5 A 时,应装设作用于跳闸的单相接地保护,当接地电流小于 5 A 时,一般装设作用于信号的单相接地保护。根据计算结果,发电机电压系统接地电容电流小于 5 A。保护装置由一只 DJ-131/60C 型电压继电器及一只 FZ2 辅助装置所组成。连接于发电机引出线上的三相五柱电压互感器 1TH 的开口三角形线圈上,当发电机电压系统发生单相接地时发出信号。

(7)调相机运行时与系统解列的保护。

由低电压继电器和时间继电器构成,保护经时限动作于跳开发电机—变压器组断路器。

(8)转子绝缘检查装置。

发电机励磁回路一点接地是常见的故障,由于励磁系统是不接地系统,一点接地不会形成接地电流的通路,励磁电压仍然正常,对发电机无直接危害。但若再发生另一点接地,就造成两点接地短路,这时转子部分绕组被短路,产生磁的不平衡,可能引起发电机的强烈振动,同时短路回路的电流可能烧坏绕组和转子钢体。为防止发电机遭受严重损坏,利用励磁回路内的电压表和切换开关 61Πu 作定期监视转子绝缘情况之用。

二、松茨线路保护

松茨平行线路保护设计考虑了双回线运行及单回线运行的保护装置。

(1)方向横差动保护。

保护双回线路的多相短路。保护装置采用两相式,由 2 个电流继电器和 2 个功率方向继电器构成。当线路发生故障时,保护装置仅仅断开故障线路的断路器。

(2)低电压过电流保护。

保护多相短路,作为线路双回及单回运行的后备保护。保护装置采用两相式,由 3 个低电压继电器、2 个电流继电器和 1 个时间继电器构成。保护延时动作于跳开线路断路器。

(3)限时电流速断保护。

单回线运行时保护多相短路。保护装置采用两相式,由 2 个电流继电器和 1 个时间继电器构成,保护延时动作于跳开被保护线路断路器。

(4)重合闸装置。

根据运行经验,架空输电线路绝大多数故障是由各种原因引起的暂时性短路。为保证供电的可靠性,消除由于暂时性故障而导致的停电,在线路上装设了三相一次电气重合闸装置。主要由 DH1 型重合闸继电器组成。采用不对应启动方式,当重合于永久性的故障时,由重合闸装置加速线路的限时电流速断保护,使其无时限动作于跳开线路断路器。

三、厂用变压器的保护

由下列保护装置组成:

(1)熔断器保护:为保护变压器的高压线圈、套管及其引出线上的多相短路。

(2)带时限过电流保护:为保护变压器因外部短路所引起的过电流,采用 3 只DL – 11 型电流继电器接在低压侧电流互感器上组成。保护装置以时限跳开厂用变低压侧 A 型开关。

第二节　发电机自动励磁调节系统

一、发电机自动励磁调节系统作用

(1)保持端电压于定值。

(2)维持系统电压,实现无功分配。

(3)有利于系统静态稳定运行。

(4)提高系统暂态稳定。

(5)其他作用。

二、发电机的励磁调节装置

采用 S – F1 复式励磁装置,还装设了继电强行励磁和强行减磁装置。强行励磁装置系统为获得顶点励磁用。该顶点励磁可保证当电压下降过大时,供给最大的无功功率。强行励磁动作时,强励接触器 62kn 动作。其接点将励磁机 141P 并联电阻器全部短路。其起动机构 61PH 低电压继电器经正序滤过器 ΦH 接至发电机出口电压互感器 1TH 上。其整定值为:

$$UPT = 0.85UH = 0.85 \times 100 = 85(V)$$

其中,UH 为滤过器前的额定电压。

低电压继电器的返回系数要求不大于 1.1。

为防止由于过速度引起发电机电压升高很大起见,设置了强行减磁装置,其启动机构 62PH 过电压继电器直接接入发电机出口电压互感器 1TH 上,其整定值为:

$$UPT = 1.15UH = 1.15 \times 100 = 115(V)$$

过电压继电器的返回系数要求不小于 0.9。

当强行减磁装置动作时,强减接触器 63kn 动作,在励磁机的励磁线圈回路中加电阻 2 ΓC。

第三节 蝴蝶阀的自动操作系统

蝴蝶阀的开启与关闭可由操作开关 24ky、26ky 操作,也可包括在机组的启动与停机过程中自动进行,当机组发生危险的事故时即直接关闭蝴蝶阀,以保证机组的安全。

蝴蝶阀有主阀及旁通阀两部分,均由直流电动机传动。

一、蝴蝶阀的开启

蝴蝶阀的开启脉冲由开启继电器 24pn 发出。24pn 动作后首先开启旁通阀进行壳充水,并动作于电磁阀使主阀室空气围带放气,充水过程由压力继电器 22 监视,水充满后启动主阀电机开启主阀,主阀开启后,开启过程结束,24pn 复归,蝴蝶阀开启位置信号灯明亮。

二、蝴蝶阀关闭

蝴蝶阀的关闭脉冲由关闭继电器 25pn 发出,25pn 动作后首先关闭主阀,待主阀全关后,启动旁通阀电动机关闭旁通阀,旁通阀全关后动作于电磁阀使主阀空气围带充气,关闭过程结束,25pn 复归。蝴蝶阀关闭位置信号灯明亮。

第四节 机组的自动操作系统

机组的开启、停机和调整操作是利用 po−40 型调速器进行的。

一、机组的启动

机组的启动操作在中央控制室水力机械自动盘上操作 21poa 来进行,启动前应满足:

(1)停机继电器 poa 未动作。

(2)制动系统内无压力(21 未动作)。

(3)arn 未投入(准同期时 arn 投入,由同期开关 ncx 接通)。此时,自动盘上的信号灯明亮。

开车脉冲发出后,引起继电器 pna 动作并自保持,pna 继电器动作后:

(1)接通开启蝴蝶阀的回路使其开启(当蝴蝶阀处于关闭位置时)。

(2)使母线电压和发电机剩磁电压接到差频率继电器线圈上(准同期时由 NCX 开关将差频率继电器电压回路切断)。

(3)作用于调速继电器开度限制机构的开启回路。

(4)启动准备信号灯熄灭。

当水轮机轴承有冷却水即系统继电器 21c 动作,蝴蝶阀又在全开位置时,使继电器 27pn 动作,调速器开度限制机构电动机 22 开启向开放方向转动。导水翼随之开放,机组即缓缓启动。

机组的启动系统采用中间启动特性,机组加速后,自动稳定在额定转速位置,当采用自同期方式,发电机与网络间的频率差达到允许值时,频率差继电器 ph 动作,使自同期中间继电器 21pn 动作,发出发电机—变压器组断路器的合闸脉冲,断路器投入 arn 随即投入,此时启动继电器 pna 即复归,开车过程到此结束。

当手动准同期时,将同期开关 ncx 切至"同期"位置,并将同期表计切换开关切换至"电压表"位置,观察同期盘上的电压及频率表的数值以作适当的调整。当电压及频率差在允许范围内时,将 NU 切换至"同期表"位置,根据同期表的指示,进行断路器的合闸操作。

发电机的负荷调整以手动操作 22ky 操作开关通过电动机 21 变更转速调整机构的位置来进行,并可在调速器操作柜上以手轮进行现地操作。

二、机组的停机

(一)正常停机

机组的停机脉冲是由手动将操作开关 21ky 扳向"停机"位置,使停机继电器 POA 动作并自保持,此时接通转速调整机构电动机 21 的"减少"回路,将转速调整机构压至空载位置。poa 的另一接点将开度限制机构电动机 22 的"关闭"回路接通,将开度限制机构压至全关位置,导水翼随之关闭。随着导水翼的关闭,负荷逐渐卸去。在导水翼达到空载位置时,发电机—变压器组的断路器即跳闸。机组逐渐减低速度,降至额定转速的 35% 以下时,制动电磁阀 21ck 带电动作,压缩空气进入制动闸,将转子刹住,使机组停机。压缩空气进入制动管路后,管路上的压力继电器 21 动作接通时间继电器 21pb 回路,经过这一能保证机组完全静止的时间后,21pb 动作,使停机继电器 poa 复归。制动随之取消。此时停机过程全部完成。机组启动准备信号灯明亮。

(二)事故停机

机组事故停机脉冲是由水力机械事故引出继电器 21P3A 动作而发出,使停机继电器 poa 动作,停机过程与正常停机相同,其区别仅在于机组完全静止后,poa 继电器的复归及制动的取消操作 21P3A 的复归按钮 21kc 方能完成。

三、机组由调发电机转为调相机运行或相反的过程

(一)机组由调发电机转为调相机运行

将操作开关 24ky 扳向"调相机"位置,使调相机运行继电器 22pn 动作,接通转速调整机构电动机 21 的"减少"回路,将转速调整机构压至空载位置,同时 22pn 的另一接点将开度限制机构电动机 22 的"关闭"回路接通,将开度限制机构压至全开位置,导水翼随之关闭,至全关后使 22pn 复归,此时机组转为调相机运行,调相机运行信号灯明亮。

若水轮机转轮在水中旋转时,则功率继电器 21pm 动作使 23pn 动作,其接点使压缩空气控制电磁阀 22ck 带电和使复归时间继电器 23pb 带电,当能使水轮机转轮在空气中旋转时,则 23pb 的接点使 23pn 复归。

功率继电器只有在水轮机转轮在水中运行时才能反应,但因本电站尾水位略低于水

轮机转轮,动作次数不多,且因其实现简单,故在设计中考虑采用此方式。

(二)机组由调相机转为发电机运行

在调相机运转时,将21ky扳向"启动"位置,此时启动继电器pna回路中的ARN接点是断开的,故通过断路器常开接点及导水翼命令装置的常闭接点以接通pna回路,pna启动后,动作过程与正常启动机组相同。在导水翼开启后,启动继电器由kha接点复归。

四、水力机械保护

为了监视机组的正常运行,设有足够的水力机械保护装置。保护装置分为以下三种。

(一)作用于停机的保护装置

(1)推力轴承过热——温度继电器21~22t动作。

(2)上部、下部导轴承过热——温度继电器23~24t动作。

(3)调速器压油装置油压事故下降——压力继电器23pp动作。

(二)水轮机轴承油面事故降低——浮子继电器22y动作

(1)电气事故——电气事故引出继电器1P3动作。

(2)停机关蝴蝶阀保护动作——引出继电器22P3A动作。

上述保护动作后,均动作于引出继电器21P3A,其接点使停机继电器动作,停机发出事故信号,在温度继电器回路中装设了双投压板,必要时可切换到发警告信号的回路中去。

(三)作用于停机,同时关闭蝴蝶阀的保护

(1)机组过速达额定转速的150%——电压继电器21ph动作。

(2)停机过程中导水翼破坏螺栓折断。

(四)作用于警告信号的保护

(1)推力轴承温度升高——温度继电器21~22bt动作。

(2)上部、下部导轴承温度升高——温度继电器23~24T动作。

(3)推力轴承、水轮机轴承油槽油面降低——浮子继电器21~22Y动作。

(五)机组冷却水中断——示流继电器21bc动作

(1)调速器油压装置油槽油压故障下降——33pn动作。

(2)机组导水翼破坏螺丝折断。

以上保护动作后,均有相应的信号继电器动作,借以判别事故及故障的性质和原因。

第五节 机组附属设备和全厂共用设备的自动操作

一、机组附属设备的自动操作

机组附属设备包括压油装置油泵两台,正常情况下,一台运转、一台备用。当运转油泵发生故障而使油压下降时,备用油泵即自动投入工作。

油泵电动机31、32分别由磁力启动器31nm、32nm启动。在其上装有操作开关3kp、32kp,此开关有四个位置,即"切"、"自动"、"备用"和"手动"。在"切"位置时,磁力启动器的操作回路断开,油泵不能启动运转。在"自动"位置时,当压力油箱中压力降低至正常压力下限时,压力继电器21pc动作,并使31pn动作,此时,工作油泵启动。当油压恢复至正常压力上限值时,使继电器32pn动作,油泵停止运转。若油压事故下降(约低于17 kg/cm²)时,压力继电器22pc动作,并使33pn动作。此时,备用油泵启动并发出信号。当压力恢复至正常油压上限值时,使继电器32pn动作,油泵停止运转,两台油泵均可在现地进行手动操作。

二、全厂共用设备的自动操作

(一)排水泵电动机的自动操作

全厂装有两台排水泵,互为备用。

(1)自动启动。当集水井水位升高时,水位继电器1y接点接通,启动工作排水泵电动机投入运行,当水位恢复正常时,则1y复归使排水泵停止运转。

(2)备用启动。当集水井水位继续升高至过高值时,水位继电器2y动作,使备用排水泵电动机投入运行,当水位恢复正常时,2y复归使备用排水泵电动机停止运行。

(3)水位过高信号。当集水井水位过高时,信号继电器δ动作发出信号。

(二)低压空气压缩机电动机的自动操作

当低压空气储气筒压力下降时,压力继电器1动作,使低压空气压缩机电动机启动投入运行,并经磁力启动器3nm辅助接点自保持,经一定时限使无荷启动电磁阀关闭。当储气筒压力恢复正常时,压力继电器1第二常闭接点断开,使低压空气压缩机电动机停止运行。当储气筒压力过高或过低时,则3、2接点闭合发出信号并点亮相应的示子信号灯。

(三)高压空气压缩机电动机的操作

以按钮进行手动操作,并考虑将其作为低压空气压缩机的设备,按下按钮,电动机启动运转,当储气筒压力达到上限值时,电动机停止运行。

第六节　同期方式

发电机之间和发电厂之间的并列运行,能提高供电的可靠性,改善电能质量以及使负荷的分配更合理、更经济。在发电厂中不仅在正常情况下经常需要进行同期操作;在事故情况下,将被解列成几个非同期部分的电力系统,准确而迅速恢复并列运行就更具有重要意义。实际表明:在发电机投入并列运行的瞬间,往往伴随着电流冲击和功率冲击。这些冲击将引起系统电压下降,如果操作错误,冲击电流过大,还可能对机组造成机械损坏或引起发电机绕组的电气损坏。为了保证电力系统安全运行,发电机的同期并列应满足以下两个基本要求:

(1)投入瞬间的冲击电流不应超过允许值。

(2)发电机投入后转子能够很快地拉入同步运转。

在小型水电站中采用的同期方式有两种:①准同期方式;②自同期方式。这两种方法都可以用手动和自动装置来实现。

采用准同期时,发电机在并列前已经励磁,并接近同步速度旋转,在合适的时刻投入发电机断路器,使断路器触头接通的瞬间,冲击电流不超过允许值,接着发电机被拉入同步。

优点:同期时冲击电流较小,对系统电压影响不明显。

缺点:同期过程较长,如果采用手动准同期,有非同期误合闸的可能性。

采用自同期合闸时,发电机启动但未给励磁,在接近同步转速时,把定子回路投入系统,然后再给上励磁,接着转子被拉入同步。

优点:操作简单,并列速度快,从根本上消除了非同期的可能性。自同期接线比较简单,可以在系统的电压和频率极度降低时,使发电机与系统并列,在系统事故情况下这一点具有特别的意义。

缺点:合闸瞬间冲击电流较大,电网电压要降低。

松华坝电站发电机以自动自同期作为主要的同期方式,以手动准同期作为备用,茨坝二回出线皆为手动准同期。为避免同期开关同时接通引起同期回路短路,所有同期开关共用一个可拔下的操作手柄。当某断路器需合闸时,将手柄插入相应的同期开关中,接通同期开关(此时手柄不能拔出)。当断路器合闸完毕,将同期开关转至"断开"位置,把手柄拔出,此时方可进行下一台断路器的合闸工作。

第七节　发电机的升压并列及解列操作

发电机的并列操作是非常重要的操作,在一定程度上关系到整个电站与电力网的安危。若发生非同期并列时,将产生强烈的冲击电流和振荡,使发电机线圈端部和铁芯遭到破坏。因此,监护人和操作人在操作时注意力要高度集中,既要细心又要大胆,抓住并列的良好机会,准确无误地将发电机安全并入电网。

为了防止发电机的非同期并列,在以下三种情况下不准合闸:

(1)当同期表指针旋转过快时,不准合闸。因为此时待并发电机与系统周波相差较多,不好掌握断路器合闸的适当时间,往往会使断路器不在同期点上合闸。

(2)如同期表指针旋转时有跳动现象,不准合闸。这是因为同期表内部可能有卡住的情况。

(3)如同期表的指针停在同期点上不动,也不准合闸。尽管在这种情况下合闸是最理想的,但在断路器合闸过程中,如果系统或待并发电机周波突然变动,就可能使断路器正好合闸在不同期点上。

一、发电机升压前的检查

(1)650油开关在跳闸位置,6502、6503刀闸均应断开。

(2)水机层引出口的PT高低压保险应投入。

(3)跳灭磁开关压板应切除。

(4)强励压板在切除位置。

(5)自动灭磁装置(复励校正器)的切换开关在"全部切除位置"。

(6)非同期闭锁压板应断开(同期闭锁继电器投入)。

(7)同期开关应在断开位置。

(8)磁场可变电阻(WP电阻)在最大位置。

(9)灭磁开关应在断开位置(绿灯亮)

(10)继电保护的投入按调度的通知进行。

二、发电机升压及并列操作

(1)发电机升压及并列必须与调度联系同意后,由正班长监护副班长进行操作。

(2)在励磁盘上合上灭磁开关(红灯亮)。

(3)在励磁盘上用WP磁场可变电阻调整开关向"增"的方向逐渐调整发电机定子电压与系统电压相适应。

(4)在主变压器高压开关柜上合上6502、6503刀闸。

(5)在中央信号盘合上发电机650同期操作开关。

(6)在同期盘上将同期表计切换开关切至电压、周波位置。

(7)按表5-1粗调发电机电压与系统电压为一致时,调整发电机周波与系统周波一致(差值不超过0.2 Hz)。

表5-1　系统电压与发电机电压对照

系统电压(V)	7 200	7 000	6 800	6 600	6 500	6 400	6 200	6 100	6 000	5 800	5 700
发电机电压(V)	6 300	6 200	5 900	5 750	5 700	5 600	5 400	5 300	5 250	5 200	5 000

(8)将同期盘上的表计切换到电压、周波、同步表均在投入位置,而同步表指针缓慢向顺时针方向旋转,当转到接近红线位置前3°～5°时,合上650油开关的操作开关与系统并列,此时650油开关合闸指示灯红灯亮(当同步表指针在接近红线位置时有过速和跳动及停在红线位置不动时均不能进行)。

(9)将同期盘的同期表计切换开关打在切除位置。

(10)投入电压校正器、复励装置,调整有功无功负荷。

(11)在中控室信号盘断开发电机同期开关。

(12)在励磁盘投入连锁跳灭磁开关ATN压板。

(13)在励磁盘投入强励压板。

(14)向调度员汇报机组并列时间及带负荷情况。

如遇松茨一、二回线及茨坝变电站工作有影响,在并列前应检查系统一次回路相序与发电机的相序;若二次回路工作后涉及同期二次回路,应由继电保护人员检查同期二次回路正确后才能进行与系统并列。

三、发电机与系统的解列操作程序

发电机的解列操作比较简单,一般程序是:

(1)当正值班员接到当值调度员的机组停机解列的通知后,由正值班员监护副值班员操作。

（2）首先减掉有功及无功负荷（注意功率因数），定子电流减至 0～50 A，有功 0～50 kW。

（3）断开 650 油开关并检查灭磁开关是否连锁跳闸，若没有跳闸应用手动跳闸。

（4）将磁场可变电阻调到接点电阻最大位置。

（5）拉开 6502、6503 刀闸。

（6）按水轮机的停机程序进行停机。

（7）向调度员汇报停机时间。

发电机与系统解列后，应立即进行解列后操作，以防止因某种原因使断路器合闸，造成事故。发电机解列后操作的内容包括:拉开断路器母线侧隔离开关,取下断路器合闸熔断器及发电机电压互感器二次侧熔断器。当发电机停止转动后,应测量定子和转子线圈的绝缘电阻。

第六章　松华坝水库运行管理

第一节　水库管理

　　松华坝从一开始修建就配备了管理人员,订立了管理制度。松华坝水库建成后建立专职管理机构,相应充实管理人员,科学管理水平不断提高。对避免昆明城市洪患、增加城市用水、保证农田灌溉、综合利用水资源等都起到重大作用,效益不断增加。扩建前供城市用水超过 7 000 万 m³,农田灌溉 8 万多亩。扩建后城市供水为 1.1 亿 m³,农田灌溉2.5 万亩。

一、工程管理

　　自水库建立管理所后,对工程、水文观测和岁修养护、安全保卫工作等订立了一系列制度,以后在实践中又不断得到充实和完善。

(一)水文、工程观测

　　水库建成后,按照国家水利电力部中型土坝观测项目的规定,水库管理所建立技术科,设立专人,订立制度,坚持开展观测工作。主要进行水位、流量、降雨量、蒸发量、含沙量、输沙量等观测项目及气温、相对湿度、风向、风力等观测项目。

(二)工程档案管理

　　1962 年,成立松华坝水库技术资料清理整编小组,对技术资料进行彻底的清理整编。通过全面汇集整理,新中国成立以来各阶段的工程施工图、设计图、水工布置图、地质勘探资料、水文资料、重要闸门的社会图纸等基本收集齐全,在此基础上成立技术资料室。技术资料室建立后,各次工程竣工后都注意收集全套技术资料,对水库观测的水位、水文、渗漏、浸润线、沉陷位移等技术资料的原始记录,都要入档定期整理,对工程的管理、控制运用和扩建加固均起到重要作用。

(三)岁修养护

　　松华坝水库建成后即订立岁修养护制度,对大坝、公路和主体工程设施由管理所统一组织养护岁修,修理组负责对水库闸门、电器设备、通信、输电线路、管道进行检查维修。金汁河、银汁河及盘龙江支流西坝河、永昌河、船房河、采莲河、金河、太河、杨家河堤岸、闸坝的岁修由官渡区领导的小坝、南坝两个灌溉管理所负责。岁修制度的主要内容有:大坝保持坝面平整,无杂草、裂隙。大坝建成后,由于不均匀沉陷造成坝面不平,有的地方下沉达 50 cm,水库职工及时填筑。每年在汛期前后,关闸和放水前要对闸门进行一次全面检查维修、上油,除锈刷漆,保持启闭灵活。油压闸门每月空转试车 2～3 次,以保持机件灵活,闸门启闭必须按操作规程。输水隧洞每次关水后进行一次检查,作详细记录,发现问题及时上报。为防旁通管的气蚀,加强检查,发现问题,及时处理。洞前拦污栅每年清理一次。通信线路、输电线路每年汛期前检查维修一次,一遇事故,随时抢修。

(四)安全保卫

由于松华坝水库位置和作用的重要,市政府及有关部门先后多次发布有关松华坝水库治安安全的通知、通报、公告、条例。如《制止在松华坝水库和盘龙江上炸鱼的批示》《关于加强松华坝水库安全管理的通知》《关于对松华坝水库治安管理规定》《关于保护水资源及发展渔业生产的通知》等。其他有关规定仍坚持执行。为加强工程枢纽部位保护,在大坝上,泄洪隧洞一侧建有哨房,坚持 24 h 站岗值勤。

二、控制运用管理

松华坝水库扩建前库容小,来水大,建设标准低,下游河道泄洪能力差,而灌区用水量大,城市用水不断增加,既要保障水库安全,又要保障工农业用水需要,水库的调洪控制运用成为十分重要的任务。水库安危关系到全市的工农业生产与人民生命财产的安全,所以松华坝水库的防汛工作历来受到云南省、市党政领导机关的重视,每年水库的控制运用计划、起调水位、度汛措施都需要经过云南省防汛指挥部的批准。1975 年河南大水之后,国家水电部把松华坝水库列为全国防范水库之一,因此作好水库的调洪蓄水,成为水库管理的首要任务。松华坝防洪工作进一步加强,根据省防汛指挥部决定,采取下列防汛措施:

(1)在水库储备一定数量的防洪抢险物资。

(2)市政府责成电信部门必须保障水库管理处与溢洪道及昆明防汛指挥中心的电话畅通。

(3)组成水库防洪抢险队伍。

三、供水管理

(一)灌溉用水

1983 年,兴建洪家村、南坝两级抽水站,松华坝水库水不足时南坝以下的灌区改有抽滇池水回灌,水库的水大部分供城市生产生活用。松华坝水库的供水任务已由原设计的农田灌溉为主改变为以城市供水为主。农业供水每年由官渡区水电局根据各河渠的灌溉面积、河渠流量、栽种进度、节令要求等情况提出农田灌溉计划。灌溉用水的专管机构为小坝、南坝灌溉管理所。各灌区分片设有灌区代表会和管理委员会等群众性民主管水组织,代表会成员由受益区社队干部参加,各大队设有管水小组,由副大队长任组长,大队设有放水员。随着农村生产承包责任制的实施,农村行政机构的改变,以乡、镇建立灌区委员会,行政村设管水小组,自然村设水员。每遇干旱及必要时,市、区还组织一定力量在放水栽插季节加强用水管理。

(二)城市工业与生活用水

兴建松华坝水库时,未考虑供城市用水。随着建设事业的发展,工业及城市用水急剧增加,农业用水由滇池倒灌解决,松华坝水库成为以供城市用水为主的水库。从 1984 年后每年由官渡区、昆明市自来水公司分别提出用水计划,再由市水利局协调,对水量进行平衡,合理安排,报市人民政府批准后执行。一般情况 1～6 月自来水每月供水 500 万

m^3,7 月以后主要是供城市用水。

四、经营管理

(一)水费征收

松华坝自建成以来就实施了水费征收制度,作为管理人员的报酬及弥补岁修费用的不足。水费主要分为城市自来水水费和农业用水水费。城市自来水水费的征收和发电收入是松华坝水库管理处的主要经费来源。而农业用水水费的征收主要是作为两个灌溉管理所的经费和渠道岁修费用。

(二)综合经营

1983 年前的综合经营主要是利用水库水面养鱼,水库扩建后主要为保障城市供水,同时利用经过坝基砂卵砾石过滤的泉水开发成功了"戈尔登山泉水"。

第二节　观　测

观测设备主要布置在主、副坝上,观测项目包括坝体变形、浸润线、孔隙压力、坝基压力水头、渗漏量,以及主坝上游左坝肩滑坡位移观测。

一、主坝观测设备布置

(1)平面位移及垂直位移观测点设在坝顶及上下游戗台,作方格形布置,计 13 个观测点,两岸山坡布置 8 个基准点,采用水准埋桩标点。

(2)浸润线观测断面为 3 个,断面间距 50 m,孔距 20~30 m,共 15 个观测孔。

(3)河床卵砾石层顺河设 3 个测压管。

(4)坝基顺河布置 3 个测压管。

(5)观测绕坝渗漏的测压管左右岸各布置 5 个。

(6)在新加黏土坝体设孔隙压力观测点 15 个,采用 GKD 型孔隙水压力仪。

(7)在排水体尾部做一截水槽,回填黏土截断卵砾石层,安放量水堰测量坝体及坝基的渗漏量。

二、副坝观测设备布置

(1)平面位移及垂直位移观测点设在坝顶及上下游坝坡,作方格形布置,计 12 个观测点,两岸山坡布置 6 个基准点,采用水准埋桩标点。

(2)浸润线观测断面为 2 个,每断面 6 个孔,计 12 个观测孔。

三、其他观测项目

(1)水库设水位自动记录台主、副坝各 1 座。

(2)滑坡位移观测,设观测点 15 个,基准点 2 个。

第三节　水源现状

一、现状调查

目前,政府部门对松华坝水源区进行调研。调研队伍沿松华坝北上,一路上可以看到一些新建的建筑、构筑物,不断扩大规模的农家乐,以及随处可见的垃圾、废弃物。山上可以看到开山炸石,在松华坝水源之一的冷水河流域山箐里,一个简易垃圾场就没有遮挡地出现在面前,恶臭扑鼻。来自昆明市水利局的调查显示,松华坝水库水质下降趋势日益严重,自 2002 年以来,松华坝水库水质总体为Ⅲ类,主要是总氮含量严重超标,特别是 2004 年10 ~ 12 月连续 3 个月总氮检测值为Ⅳ类水标准。

松华坝水源区内有居民 8 万人,在松华坝下游生活着 250 万人,松华坝水源的保护,其实就是 8 万人与 250 万人之间的平衡问题,当保护与发展无法兼顾的时候,对松华坝水源区而言,保护是首要的。如果说滇池水质从 20 世纪 80 年代的Ⅲ类,下降到现在的Ⅴ类,用了 25 年时间,那么,只有滇池容量 1/10 的松华坝水库再不重视保护,需要多久会成为第二个滇池?

如果定下了保护的目标,保护区内生活的 8 万居民的发展就会缓慢和后延,那么 250 万受益者应该对这 8 万居民做出应有的"反哺"。"反哺"的方式是 250 万人给予 8 万水源区居住者保护水源行动的奖励,要让这里的农民感到保护好水源就是他们最好的致富之源。

目前,有 10 大问题困扰松华坝水源区:人口、化肥农药滥用、垃圾排污处理随意、毁林开荒采石、农家乐无序发展、水源区保护缺乏明确的定位和总体规划、管理力量单薄、水源区保护法规滞后、各个职能部门对水源区保护中出现的问题进行分析和提出的措施不到位、对水源区保护的宣传不够。

目前松华坝水库大坝口、坝中水质已达第三级污染。谷昌坝达到重污染级别,主要是总氮、总磷,尤其以总氮为主要污染因子,总磷、高锰酸盐指数超标。2004 年大坝口总氮的超标率高达 280% ,总磷的超标率达到 50% 。

二、主要管理措施

控制人和车流量除严格控制人员、非生产性车辆进入水源区内垂钓、旅游外,还应在水源保护区主要入口处设置堵卡站,以减少外来人员对水源造成的污染。

减少污染在水源区内人口集中的村镇修建截污设施和垃圾回收处理设施,有效解决水源区所产生的点源污染;对农家乐、养殖厂、餐饮业和企业的污水应综合利用和处理,实现达标排放。

建立补偿机制加大对水源区保护与发展资金的投入,逐步建立水源区补偿机制。

建立水源区监测体系,做到定时、定点对冷水河、牧羊河的水质进行监测,适时监测集镇生活污水和农药残留量,杜绝经销或使用含磷洗涤用品,保证化肥、农药的施用逐步符合水源区水质保护要求。

第七章　松华坝水库水土流失
及污染综合整治

第一节　水土流失及污染情况

（1）水土流失及污染情况。

由于土壤资源中含有各种营养元素,如碳、磷、钾、有机质等,水土流失就是在水力侵蚀的作用下,使土壤资源随雨水流走,进入水体,造成水污染。

水土流失面积 49.06 km²,占土地总面积的 35.72%,轻度流失面积 39.04 km²,占流失面积的 79.58%;中度流失面积 8.96 km²,占流失面积的 18.26%;强度流失面积 1.06 km²,占流失面积的 2.16%,土壤侵蚀模数 1 114 t/(km²·a),年土壤侵蚀量 15.3 万 t/a。

（2）项目区内耕地面积为 3 725.40 km²,其中水田 1 396.37 km²,梯地 981.03 km²,坡耕地 1 348.00 km²;2004 年,项目区共施用化肥 3 830.3 t,农药 32.52 t,据统计分析,项目区内氮肥利用率为 30%～35%,磷肥 10%～20%,钾肥 35%～50%;农药利用率仅为 20%～30%;其余部分进入环境中。

（3）农村生产、生活,畜禽污染物量,按每天人均生产污水量 50 L、生活垃圾 0.8 kg 和粪便 1 kg,以及牲畜粪便每天每头 3.8 kg 和家禽粪便每天每只 0.2 kg 进行测算。项目区日排生活污水 1 319.2 m³、垃圾 21.1 t、村民粪便 26.4 t、牲畜粪便 116.7 t 和家禽粪便 9.2 t。

第二节　综合治理措施及工程布局

一、综合治理措施

（1）提高对松华坝水库饮用水安全的重要性和紧迫性的认识,切实加强领导,建立责任制,抓好各项措施的落实。

（2）要加快松华坝水库水源区的立法工作,用法律规范水源地保护行为。要以松华坝水库被列为全国防治面源污染水土保持试点工程为契机,全面推进生态修复工作,实现大面积的植被恢复,促进水源涵养。要按照水功能区划的要求,划定松华坝饮用水源保护区,并确界立碑。要依法严格地实施松华坝饮用水源保护区制度,禁止在饮用水源区设置排污口。要主动与有关部门合作,进一步加强松华坝水源保护区的面源治理工作。重点针对农药化肥施用、库区农垦等的限制和养鱼塘、农家乐等的改造,同时积极推进种植结构的调整,加快推行清洁生产进程。

（3）要加快水质监测系统的建设,科学规划和合理布设水质监测断面,加强松华坝库区和重要入库河口的水质监测力度,及时准确地掌握水质变化情况。要建立饮用水源区水资源水质监测报告制度,及时向有关部门和当地政府报告水质动态。

(4)要加强宣传,形成松华坝水源保护人人有责的社会风尚;要定期对水源保护区开展专项检查,加大对破坏植被、私挖滥采,向库区、河道倾倒土石、垃圾及排污等行为的惩处力度,确保水源保护区水资源质量的安全。

(5)昆明市加强对松华坝水源区保护与开发规划研究,从保护的角度进行规划。同时,积极改善水源区交通基础设施条件,安排 580 万元专款,专题用于水源区道路油面化,尽量减少灰尘污染。辖区内 3 条通向水源区的道路,长期实施限制车辆通行措施,以减少人为活动对水源区的干扰。严禁水源区农家乐的审批,并对已有农家乐限期整改。

针对保护区内群众的生产、生活的实际,积极推广沼气池及使用技术,投资 200 万元,拟在年内新建 100 口沼气池、120 口小水窖,提高农户使用效率,以节约燃料,提高肥效,减少污染。并把补贴直接兑现到农户手中,从 5 月起对 447 户特困户每两月免费发放一瓶液化气,并一次性免费发放燃气灶具,对 4 024 户农户实行每月每户液化气补助 30 元,同时安排近 10 万元的抗旱提水电费补贴。积极组织水源区群众劳务输出,已送广东务工55 人,为当地农民增收开辟新途径。落实两免一补政策,切实减轻水源保护区农民负担,提高保护区农民生活水平。引导和扶持企业帮助水源区开展农副产品营销活动,促进农村经济良性循环,增加农民收入,实现水源区稳定。

(6)从保护森林资源入手,保护好水源区生态环境,目前已在水源区建立两个森林保护执勤站,共建 45 人专业森林管护和扑火专业队伍。据介绍,近期还准备建一个森林派出所。并对水源区上游小坝塘、小水库进行除险加固,涵养水源,增加蓄水量,投资近 400万元,解决人畜饮水困难。

近期在水源区完成 1 185 户和 35 座生态卫生旱厕的建设任务,减少粪便流入水库的污染,削减水体总氮含量。在水源核心区双龙乡、松华乡政府所在地建立 2 个垃圾回收中转处置站。水源区积极推广和使用生物农药、有机肥料,建立无公害绿色生产基地。

以保护水质为前提,先后治理岩溶漏斗 500 多个,修复部分龙潭泉眼,对冷水河、牧羊河 29.6 km 的河道进行了整治;进行底泥疏挖,保证水库水质安全。1996 年以来,在上游谷昌坝进行水库底泥疏挖,共清淤泥 40 余万 m³;并设立拦污栅,拦截污染物进入主库盆,仅 2004 年,就清除污物 30 t,有效减轻了水库水体中氮、磷含量。

大力开展植树造林和退耕还林,森林覆盖率由保护区建立初期的 27.03% 提高到目前的 62.97%;完善管理措施,加大宣传保护力度。举办普法培训班,在交通路口及醒目位置制作宣传牌、宣传碑,建立垃圾堆放池 50 余个,在水库核心区建立 5 个库区管理站;先后拆除黑龙潭泉点周围 17 间违章建筑,关停 3 个采石场和 6 家洗矿场,取缔 15 个饮食摊点,关闭部分农家乐,取缔部分私人别墅等。

总体来说,对松华坝库区的水源保护,应采取多种措施齐头并进,首先在宣传上要加大力度,使昆明市人民都明白这样一个道理:水源区不是休闲旅游度假的地方,保护有限的饮用水资源是大家的使命,推动城市水源地的保护,也就是保障了自身的饮水安全;在管理上,则必须制定相关法规,建立和健全水源保护管理的权威机构和专门的执法队伍,根据各水源区的实际,建立饮用水资源保护区制度,并采取措施,防止水源枯竭和水体污染;在规划上,对向城市集中供水的水源地流域,进行全面规划,划定专门保护范围,各水源保护区是本流域水资源、生态环境优先保护的区域。可分两类:一类是已开发和正在开发的供水水源,如松华坝、大河、柴河、宝象河等水库,以封山育林、恢复植被和水土保持的生态建设为主,使其涵养水源、保护水质;另一类是未受污染又未开发的河流上游区,作为保留区,维持现状不遭破坏,严格控制开发此类地区,以保证水环境不遭污染。

二、治理工程总体布局

(一)水土保持工程布局

水土保持工程措施是按坡耕地改造、坡面水系、水保林(草)工程、生态修复工程和小型水利水保工程等几个方面来考虑布局的,因为"长治"七期工程也是在 2004 年 7 月才完成的设计和审查工作,在"长治"七期工程小流域内的工程措施主要沿用了"长治"七期工程的设计成果。

未列入"长治"工程的区域,按照报告中有关水土保持措施布局的原则进行。

另外在工程布局方面,还结合了昆明市关于在水源区设立一级区的计划,对初步被划定为一级区的区域,在措施的布置上考虑以生物措施为主,在坡耕地改造上,不考虑坡改梯措施。

(二)绿色农业示范工程布局

通过在项目区内实施绿色农业的示范带动作用,使项目区内大部分群众接受和使用新型农业生产管理模式,达到农药、化肥的减量使用,降低农业生产成本,提升农产品品质,从源头控制农业面源污染。

根据项目区的情况,绿色农业示范工程考虑在白邑乡冷水河两岸农田为代表性区域,规划示范区面积为 2 500 亩;在盘龙区选定山原谷地旱作农田面源污染示范区,以盘龙区松华乡团结村为代表性区域,规划示范面积为 1 500 亩。

另外,为充分利用项目区周边已完成的绿色农业示范区的成果,计划将位于嵩明县嵩阳镇山麦冲村生菜基地作为集约花蔬菜生产基地面源污染示范区;将试种成功的,位于嵩明县四营乡上马坊村委会的雪莲果生产基地作为无公害农业生产示范区,纳入本项目绿色农业示范成果,作为实施期及以后的成果分析资料。

(三)农村生产、生活污染物防治布局

农村生产、生活污染物防治布局主要包括人畜污染物处理、生活污水处理、农村垃圾处理等几个方面,总体考虑是按一户一厕即每户农户一个生态旱厕;一村两池即每个自然村建一个人工湿地污水处理池,垃圾池在白邑乡和松华坝各建一个垃圾中转站,进行布局。

(四)监测设施布局

1. 水土流失监测

对项目区内现有的与水土流失、水质监测密切的水文站、雨量站等设施的调查,根据监测设施的布局原则进行统一布局,监测设施布局如下:

根据水土流失监测要求,在项目区内共设置 4 个泥沙监测断面,分别位于冷水河、牧羊河的进出口断面处,主要观测指标为泥沙含量、来水量情况。其中,白邑泥沙观测断面

利用了白邑水文站进行监测,另外新增 3 个泥沙观测断面。

为管理和监测的便利,结合《"长治"七期工程云南省项目区水土保持监测规划》,在嵩明县迤者小流域内设置径流小区,径流小区设于中和水文站附近,监测坡改地措施、经果林措施、种草措施和水土保持措施、疏林地上的水土流失情况。

2. 水质监测

水质监测分为三个层次进行监测。

第一层是总体情况的水质监测,在牧羊河、冷水河四个观测断面处,取水样进行水质分析化验,测定两条河流进出口处的水质指标,计算项目区面源污染负荷情况。

第二层为具体措施层面,针对绿色农业示范区、径流小区等分别设置水样点,分析不同措施对水质的影响;对于农村生活污水、畜禽污染物,应进行相应的工程措施处理,使其达到初步无害化要求,主要结合工程措施竣工验收,对处理前的污水和处理后的污水做一次水质分析即可,因此不设固定取样点。

第三层为水质背景层,在冷水河的两个源头青龙潭和黑龙潭,各设无污染的水样点;在农业示范区附近,在未划入示范区的区域内,各取一个背景点,作为农田水质污染的背景值。

附　录

附录1　昆明市水利工程管理条例

（2013年10月31日昆明市第十三届人民代表大会常务委员会第十九次会议通过
2013年11月29日云南省第十二届人民代表大会常务委员会第六次会议批准）

第一章　总　则

第一条　为了加强水利工程管理,保障运行安全,发挥水利工程综合效益,根据《中华人民共和国水法》《中华人民共和国防洪法》等法律、法规,结合本市实际,制定本条例。

第二条　本市行政区域内水利工程的管理、保护和利用适用本条例。

法律、法规已有规定的,从其规定。

第三条　本条例所称水利工程包括防洪、除涝、蓄水、引水、提水、灌排、供水、节水等工程及其附属配套设施。

第四条　市、县(市、区)人民政府应当将水利工程管理工作纳入本行政区域国民经济和社会发展规划,建立以公共财政为主的投入增长机制,按照建设与管养并重、保护优先、安全运行、分级负责的原则,将公益性水利工程的管养经费纳入财政预算,对准公益性水利工程的公益性部分给予补助,非公益性水利工程管养经费由经营方承担,以保障水利工程的安全和正常运行。

第五条　市、县(市、区)人民政府水行政管理部门是水利工程管理的主管部门,其他相关部门按照各自职责,配合做好水利工程管理工作。

第六条　任何单位和个人有权对破坏水利工程及其附属配套设施的行为进行举报。

第二章　机构与职责

第七条　水利工程实行分级管理、属地管理、专业管理和群众管理相结合的方式。

大型水库由市水行政主管部门管理;中型、小(一)型水库由县级水行政主管部门管理;小(二)型水库及小塘坝由乡(镇)人民政府、街道办事处管理;跨行政区域的水库由上一级人民政府指定管理。

其他水利工程及其附属配套设施的管理参照前款执行。

第八条　水利工程管理机构、专职管理人员由当地人民政府按照水利工程的规模和管理需要进行设置、配备。

国家投资兴建的大型水库由有管辖权的人民政府确定的管理机构进行管理;中型水库配备不少于7名专职管理人员;小(一)型水库和对下游村庄、学校、医院、交通干线等防洪安全有直接影响的小(二)型水库,应当建立专门的管理机构,配备不少于3名专职管理人员;其他小(二)型水库配备不少于2名专职管理人员。

其他水利工程及其附属配套设施参照前款规定执行,并报上级水行政主管部门备案。

第九条 市、县(市、区)水行政主管部门的主要职责是:

(一)宣传、贯彻执行有关法律、法规和规章;

(二)监督、指导下级水行政部门或者水利工程管理机构的水利工程管理工作;

(三)组织水利工程的安全检查,指导防汛工作;

(四)审核水利工程控制运用计划,统一调配水量,指导计划用水、节约用水工作;

(五)调解水事纠纷,查处水事违法案件;

(六)推广水利工程管理新技术、新工艺,培训水利工程管理人员。

乡(镇)人民政府、街道办事处的水利工程管理机构的职责,由县级人民政府制定。

第十条 水利工程管理机构的主要职责是:

(一)按照水利工程管理规范要求,制定日常的管理制度,做好工程检查、观测,建立健全工程技术档案;

(二)管理维护水利工程及其附属设备,保持工程设备完好,消除安全隐患,确保工程设施正常运行;

(三)依据气象和水文预报,并根据雨情、水情及工程安全状况,做好工程调度运用和防洪排涝工作;

(四)实行计划供水,计收水费;

(五)处置水利工程保护范围内发生的违法行为,并及时报告水行政主管部门;

(六)推广运用水利工程管理维护的先进经验和技术;

(七)按照上级主管部门要求做好相关工作。

第三章　管理与保护

第十一条 水利工程应当按照下列规定划定管理范围和保护范围:

(一)中型以上水库枢纽工程的管理范围和保护范围按照水库工程管理设计规范的国家行业标准确定。

(二)小(一)型水库大坝、溢洪道及输水建筑物边缘线外侧 20 ~ 100 m 内为水利工程的管理范围,管理范围外 50 ~ 150 m 内为水利工程的保护范围。

(三)小(二)型水库大坝、溢洪道及输水建筑物边缘线外侧 10 ~ 50 m 内为水利工程的管理范围,管理范围外 30 ~ 80 m 内为水利工程的保护范围。

(四)水库设计洪水位以下的库区为水库库区的管理范围,水库坝址以上,库区两岸(包括干、支流)土地征用线以上至第一道分水岭脊线之间的陆地为水库库区的保护范围。

(五)河道的管理范围为:已划定规划控制线的为河道绿化带外缘以内的范围;尚未划定河道规划控制线的为两岸堤防之间的水域、湿地、滩涂(含可耕地)、两岸堤防及护堤地。护堤地的宽度为堤防背水坡脚线水平外延不少于 2 m 的区域,无背水坡脚线的为堤防上口线水平外延不少于 5 m 的区域。河道的保护范围为河道管理范围以外 100 m 以内的区域。

(六)渠道的管理范围为渠道渠顶向外 1 ~ 8 m,管理范围以外 5 ~ 10 m 为保护范围。

(七)堤防工程的管理范围为堤基地和护堤地,一、二级堤防护堤地为堤防迎、背水坡脚以外 20 ~ 50 m,三、四级堤防护堤地为堤防迎、背水坡脚以外 15 ~ 30 m,四级以下堤防护堤地为堤防迎、背水坡脚以外 8 ~ 15 m。堤防工程管理范围以外 30 ~ 50 m 为保护范围。

(八)拦河闸的管理范围为拦河闸上下游 50 m 内,左右岸 20 m。拦河闸上下游管理范围外 100 m 内,左右岸 20 m 内为水利工程的保护范围。

(九)节水工程的管理范围和保护范围由产权单位根据工程规模等划分。

(十)水利工程配套设施的管理范围,按建(构)筑物外边缘 5 ~ 10 m 划定。

(十一)小塘坝、小水窖等小型水利工程的管理范围由县级人民政府划定。

（十二）其他水利工程配套设施的管理范围或者保护范围根据有关规定划定。

第十二条　各类水利工程的管理范围,由水利工程管理机构提出方案,经同级国土资源行政主管部门审核后,报同级人民政府批准,确定土地使用权,标图立界,由相应的水利工程管理机构负责管理使用。

农村集体经济组织或者个人管理的小型水利工程的管理范围,由所在地的乡(镇)人民政府、街道办事处划定,并办理用地手续。

水利工程的保护范围,由水利工程管理机构提出方案,经同级水行政主管部门审核后,报同级人民政府批准。其他小型水利工程的保护范围,由所在地的乡(镇)人民政府、街道办事处划定。保护范围内的土地权属不变。

第十三条　为保证水利工程及其附属设施的安全和工程效能的发挥,在水利工程保护范围内,禁止下列行为:

（一）取土、采矿、采砂、采石、葬坟、打井、爆破、挖筑鱼塘;

（二）倾倒、堆放、掩埋垃圾、废渣等废弃物,排放生产、生活污水;

（三）擅自开垦土地;

（四）新建、改建、扩建与水利工程管理和保护无关的设施;

（五）其他危害水利工程安全运行的行为。

第十四条　在水利工程管理范围内,除应当遵守本条例第十三条规定外,还禁止下列行为:

（一）侵占、毁坏水工程及堤防、护岸等有关设施,毁坏防汛、水文监测、水文地质监测设施;

（二）擅自设置构筑物、放水、挖渠、截水;

（三）在水域内炸鱼、毒鱼、电鱼或者猎捕野生水生动物;

（四）非管理人员操作涵闸闸门等控制水利工程的设施、设备;

（五）清洗对水体有污染的物品。

第十五条　在饮用水源水利工程管理范围和保护范围内,除应当遵守本条例第十三条、第十四条规定外,还禁止下列行为:

（一）设置排污口;

（二）网箱养殖、放牧;

（三）旅游、露营、游泳、垂钓;

（四）其他可能污染饮用水源水体的活动。

第十六条　新建、改建、扩建建设项目不得任意堵塞、填毁和改变原有的防洪排涝体系,因公共基础设施建设确需改变的,按照管理权限报市、县(市、区)水行政主管部门批准。

第十七条　因重点公共基础设施建设项目需要占用水利工程及其附属设施,或者造成水利工程设施部分或者全部报废的,建设单位应当征得县级以上水行政主管部门同意,并按照国家有关规定新建替代工程或者采取补救措施,造成损失的给予补偿。

第十八条　因功能丧失需要报废的水利工程,由有管辖权的水行政主管部门组织鉴定后,方能批准报废。

报废的水利工程有安全隐患的,产权单位应当在规定期限内排除或者拆除。

第十九条　市、县(市、区)人民政府应当采取措施,明确责任单位、责任领导和责任人,保障本行政区域内水利工程的安全运行。

第二十条　任何单位和个人不得擅自改变水利工程的功能。确需改变的,应当经有管辖权的水行政主管部门审查,报同级人民政府批准后,报上级水行政主管部门备案。

第二十一条　水利工程产权、名称、工程特性等发生变更的,水利工程管理机构应当报有管辖权的水行政主管部门备案。

第二十二条　在饮用水源水利工程保护范围内,禁止开展任何经营性活动。

在其他水利工程保护范围内,开展经营活动的,应当经有管辖权的水行政主管部门审查后,报同级人民政府批准。

第二十三条　用水单位应当向所在地的水行政主管部门报送年度用水计划,实行计划用水、节约用水。确需超计划用水的,应当向水行政主管部门提出超计划用水申请,经有管辖权的水行政主管部门同意后,方能用水。

第二十四条　用水单位应当按照国家规定向供水单位缴纳水费。具体实施办法由价格主管部门会同同级水行政主管部门按权限报批。

供水单位收取的水费应当用于水利工程的运行、管理、维护和发展。

第四章　法律责任

第二十五条　违反本条例第十三条第一项至三项规定的,由县级以上水行政主管部门依据职权,责令停止违法行为,采取补救措施,造成设备损坏的依法给予赔偿,对个人处以500元以上2000元以下罚款;对单位处以1万元以上5万元以下罚款。

第二十六条　违反本条例第十三条第四项、第二十二条第一款规定的,由县级以上水行政主管部门责令停止违法行为,限期拆除,所需费用由违法单位或者个人负担,处以2万元以上10万元以下罚款。

第二十七条　违反本条例第十四条第二项、第五项规定的,由县级以上水行政主管部门责令停止违法行为;造成损失的,依法赔偿损失;情节严重的,处以2000元以上1万元以下罚款。

第二十八条　违反本条例第十四条第四项,第十五条第二项、第三项规定的,由县级以上水行政主管部门处以500元以上2000元以下罚款。

第二十九条　违反本条例第十八条第二款规定,产权单位逾期不排除或者拆除的,由县级以上水行政主管部门处以2万元以上10万元以下罚款。

第三十条　违反本条例第二十条规定的,由县级以上水行政主管部门责令停止违法行为,限期恢复原功能;逾期不恢复的,处以1万元以上5万元以下罚款。

第三十一条　违反本条例第十三条第五项,第十四条第一项、第三项,第十五条第一项、第四项,第十六条,第十七条,第二十一条,第二十二条第二款规定的,依据有关法律法规进行处罚。

第三十二条　水利工程管理单位及其工作人员,在水利工程管理工作中玩忽职守、滥用职权、徇私舞弊的,对直接负责的主管人员和其他直接责任人员,依法给予行政处分;造成损失的,依法赔偿损失;构成犯罪的,依法追究刑事责任。

第五章　附　则

第三十三条　本条例自2014年2月1日起施行。1998年11月28日昆明市第十届人民代表大会常务委员会第十六次会议通过,1999年4月2日云南省第九届人民代表大会常务委员会第八次会议批准的《昆明市水利工程管理条例》同时废止。

附录2　昆明市松华坝水库保护条例

（2006年2月10日昆明市第十一届人民代表大会常务委员会第三十三次会议通过
2006年3月31日云南省第十届人民代表大会常务委员会第二十一次会议批准）

第一章　总　则

第一条　为加强松华坝水库的保护，防止水体污染，保障居民饮用水安全和身体健康，根据《中华人民共和国水法》、《中华人民共和国水污染防治法》、《云南省实施〈中华人民共和国水法〉办法》等法律、法规，结合本市实际，制定本条例。

第二条　松华坝水库径流区629.8 km² 及水库枢纽工程为松华坝水库水源保护区（以下简称水源保护区）范围。

第三条　在水源保护区从事活动的单位和个人，应当遵守本条例。

第四条　水源保护区的保护和管理遵循统一规划、保护优先、预防为主、防治结合的原则，实行领导责任制、过错追究制、贡献奖励制。

第五条　市人民政府应当将水源保护纳入国民经济和社会发展规划，建立水源保护投入机制和补偿机制，加大对水源保护区的扶持力度，加强基础设施建设，改善人民群众的生产、生活条件。

第六条　市水行政主管部门负责水源保护区的管理和监督；市环境保护行政主管部门负责水源保护区水污染防治的管理和监督。

水源保护区管理机构负责日常的保护和管理。

市级有关行政主管部门，盘龙区、嵩明县人民政府及其有关部门，按各自职责，共同做好水源保护区的保护和污染防治工作。

第七条　对保护水源有显著成绩和贡献的单位和个人，由县级以上人民政府和市级有关行政主管部门给予表彰和奖励。

第二章　水源保护区划定

第八条　水源保护区范围按照水域功能和防护要求，划分为一、二、三级保护区：

（一）一级保护区为水库正常水位线（黄海高程1 965.5 m）沿地表外延200 m的水域和陆域内；冷水河、牧羊河河道上口线两侧沿地表外延100 m的区域内；

（二）二级保护区为一级保护区外延1 500 m的区域内；

（三）三级保护区为一、二级保护区以外的径流区域。

第九条　水源保护区的地理界线，由市环境保护行政主管部门会同盘龙区、嵩明县人民政府及市级有关部门提出，按法定程序批准后实施，并由市水行政主管部门按分级保护的地理界线，设置界桩、界碑等警示标志。

第十条　水源保护区水质按照国家《地表水环境质量标准》执行。

第三章　水源保护

第十一条　在三级保护区内禁止下列行为：

（一）新建、扩建直接或间接向水体排放污染物的建设项目。

（二）在禁止开垦区内开垦土地。

（三）盗伐滥伐林木，破坏水源涵养林、护岸林以及与保护水源有关的植被。

（四）破坏水库枢纽工程、堤防、护岸和防汛、水文、水质监测、环境监测等设施。

（五）使用对人体有害的鱼药。

（六）使用含磷洗涤用品及不可自然降解的泡沫塑料制品。

（七）移动、破坏界桩、界碑等警示标志。

（八）可能污染水源的其他行为。

第十二条 在二级保护区内除遵守第十一条规定外，还禁止下列行为：

（一）新建、扩建与供水设施、保护水源、改善水质无关的建设项目；

（二）新建、扩建排污口；

（三）设置畜禽养殖场；

（四）旅游、露营、野炊；

（五）设置有害化学物品的仓库或者堆栈；

（六）无防护措施运输强酸、强碱、毒性液体、有机溶剂、石油类、高毒高残留农药等危险物品的车辆进入；

（七）洗矿、挖沙、采石、取土等破坏水质的活动。

第十三条 在一级保护区内除遵守第十一、第十二条规定外，还禁止下列行为：

（一）设置排污口，直接或间接向水体排放污水、废液；

（二）与水源保护无关和产生污染的船只下水；

（三）向水域、陆域倾倒、堆放、掩埋废液、废渣、病死畜禽及其他废弃物；

（四）在水域游泳，水上训练以及其他体育、娱乐活动；

（五）在水体内或临近水源的地方洗刷车辆、衣物和其他器具；

（六）毒鱼、炸鱼、电鱼、钓鱼、偷盗水生动物和猎捕水禽；

（七）围滩造田、围库造塘、网箱养殖和放养畜禽；

（八）设置商业、饮食、服务网点。

第十四条 在二、三级保护区内现已设置排污口的建设项目，污染物排放应当符合国家《污水综合排放标准》规定。

第十五条 按照水域功能水质标准和防护要求，对进入水源保护区的外来人员及车辆实行有效控制。

第十六条 水源保护区实行封山育林、退耕还林、林分改造，发展水源涵养林和水土保持林，增强森林植被涵养水源功能，防治水土流失，改善生态环境。

第十七条 水源保护区发展生态农业，推广平衡施肥和生物防治技术，提倡施用生物肥、有机肥和生物农药。

第十八条 直接从水源保护区取水的单位和个人，应当依法向水行政主管部门申请领取取水许可证，并按规定缴纳水资源费。

第十九条 市人民政府及盘龙区、嵩明县人民政府应当设立水源保护财政专户，统筹专项资金，建立稳定的投入机制和能源替代、医疗保险、生活补助、生态保护等补偿机制。应当提取一定比例的水资源费，扶持水源保护区群众的生产和生活。具体办法由市人民政府制定。

第四章 管理与监督

第二十条 市人民政府应当制定水源保护专项规划，领导水源保护区保护和污染防治工作，引导二、三级保护区农户调整产业结构，有计划地组织劳动力转移，安排一级保护区农户易地安置。

第二十一条 盘龙区、嵩明县人民政府在水源保护区管理中履行下列职责：

（一）依照本条例加强对本行政辖区内水源保护管理工作的领导，落实领导责任制，保护水源；

（二）按照水源保护专项规划，拟定本行政辖区内水源保护实施方案、综合整治方案及保护管理配套办法，并组织实施；

（三）建立健全实施本条例的各项责任制度，监督检查本辖区有关部门落实责任制度的具体情况；

（四）组织制定本行政辖区内水源重点污染物的总量控制实施方案，做好水源保护区生活污水和垃圾处理设施的建设和管理工作，防止污染水源；

（五）严格控制水源保护区人口机械增长，按照市人民政府的统一安排，有计划地组织实施一级保护区农户的搬迁工作，并妥善安排其生产生活；

（六）进行水源保护的法律、法规和本条例的宣传教育。

第二十二条　市水行政主管部门在水源保护区管理中履行下列职责：

（一）与相关部门共同拟定水源保护专项规划，报昆明市人民政府批准后，负责监督实施；

（二）协调有关部门和县（区）依法保护水库水源；

（三）制订年度蓄水、供水计划及水库工程运行调度方案和防洪预案；

（四）做好供水服务，确保用水安全；

（五）负责水源保护区及枢纽工程、设施、设备的保护和管理。

第二十三条　市环境保护行政主管部门在水源保护区管理中履行下列职责：

（一）按照水源保护专项规划，编制水源保护区水污染防治方案，并指导和监督实施；

（二）组织协调水源保护区环境污染防治工作，做好水源保护区建设项目的环境管理和监督工作；

（三）依法实施水污染物排放许可证制度，调查处理水污染纠纷和事故；

（四）负责水源保护区环境质量和水质状况的监测，建立和完善水源保护区水体水质监测网络，汇总监测资料，定期向市人民政府报告水质情况；发现重点污染物排放总量超过控制指标或者水质未达到饮用水水源水质标准的，提出防治污染的对策措施，及时向市人民政府报告。

第二十四条　水源保护区管理机构履行下列职责：

（一）宣传贯彻水源保护法律法规和本条例；

（二）负责水源保护区及枢纽工程的保护和管理；

（三）会同有关部门编制和实施水源保护的规划；

（四）依据职权或者在受委托权限内制止和查处水源保护的违法行为。

第二十五条　市林业、农业行政主管部门按照水源保护专项规划和本条例第十六条、第十七条的规定，制订具体的实施方案，并负责指导、监督和实施。

第二十六条　有关行政主管部门对在水源保护区的建设项目，从严控制，依法审批，加强日常监督管理工作。对按规定可以在水源保护区建设的项目，其规划选址、定点应当有市水、环境保护行政主管部门的审核意见，重大项目应当举行听证会。

第二十七条　市水、环境保护行政主管部门与其他有关行政主管部门建立信息通报制度和定期联系制度，建立执法联动机制。

第二十八条　环境保护行政主管部门对造成或者可能造成水源保护区水体污染的单位和个人，按照谁污染谁治理的原则，监督其治理。

第二十九条　因突发性事件、公共卫生事件，造成或者可能造成水源保护区水污染的责任单位和个人，应当立即采取应急措施，减轻、排除污染危害，同时报告当地人民政府及水、环境保护、卫生等有关行政主管部门，及时通报可能受到污染危害的村庄、单位和个人。

第五章　法律责任

第三十条　违反本条例第十一条第（一）项，第十二条第（一）、（二）项，第十三条第（一）项，第十四条规定的,由县级以上人民政府依法责令停业或者关闭。

　　第三十一条　违反本条例第十一条第(二)、(三)、(四)项,第十二条第(五)、(六)、(七)项,第十三条第(三)、(六)、(七)项规定的,由县级以上水、环境保护、林业、农业、公安等行政主管部门依照有关法律法规的规定给予处罚。

　　第三十二条　违反本条例第十二条第(三)、(四)项和第十三条第(二)、(四)、(五)项规定的,分别由县级以上水行政主管部门、环境保护行政主管部门责令其停止违法行为,采取补救措施,并对责任单位处以 5 000 元以上 2 万元以下的罚款,对责任人处以 200 元以上 2 000 元以下的罚款。

　　第三十三条　违反本条例第十一条第(五)项规定的,由县级以上水行政主管部门责令其停止违法行为,可以并处 5 000 元以上 3 万元以下的罚款。

　　第三十四条　违反本条例第十一条第(七)项规定的,由县级以上水行政主管部门责令其停止违法行为,可以并处 500 元以上 3 000 元以下罚款。

　　第三十五条　违反本条例第十三条第(八)项规定的,由县级以上环境保护行政主管部门责令其停止违法行为、限期改正。

　　第三十六条　从事水库水源保护管理的行政部门及其工作人员玩忽职守、滥用职权、徇私舞弊的,依法给予行政处分;构成犯罪的,依法追究刑事责任。

第六章　附　　则

　　第三十七条　本条例未作规定,国家法律、法规和《滇池保护条例》已有规定的,从其规定。

　　第三十八条　宝象河水库、大河水库、柴河水库水源的保护,可参照本条例执行。

　　第三十九条　本条例自 2006 年 5 月 1 日起施行。

附　图

附图 1　松华坝水库枢纽布置图

附图 2　松华坝水库主坝横剖面图

附图 3　松华坝水库输水隧洞纵剖面图

附图 4　松华坝水库溢洪道平面布置图和纵剖面图

附图 5　松华坝水库泄洪隧洞纵剖面图

附图 6　松华坝水库副坝枢纽平面布置图

附图 7　电气主接线图

附图 8　升压站剖面图

附图 9　发电机保护展开图

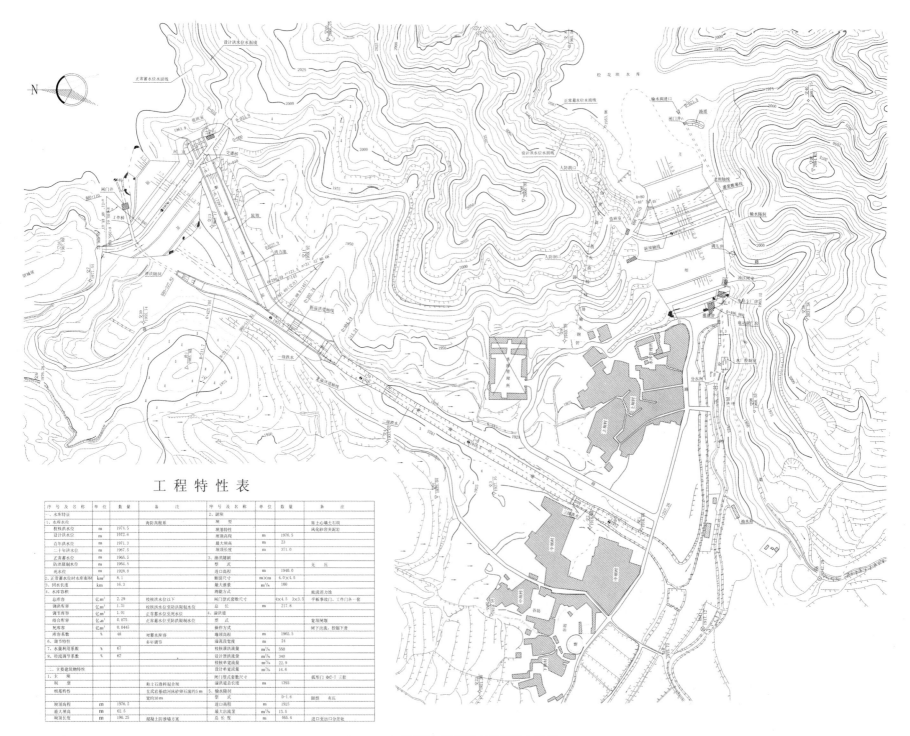

工 程 特 性 表

附图1 松华坝水库枢纽布置图

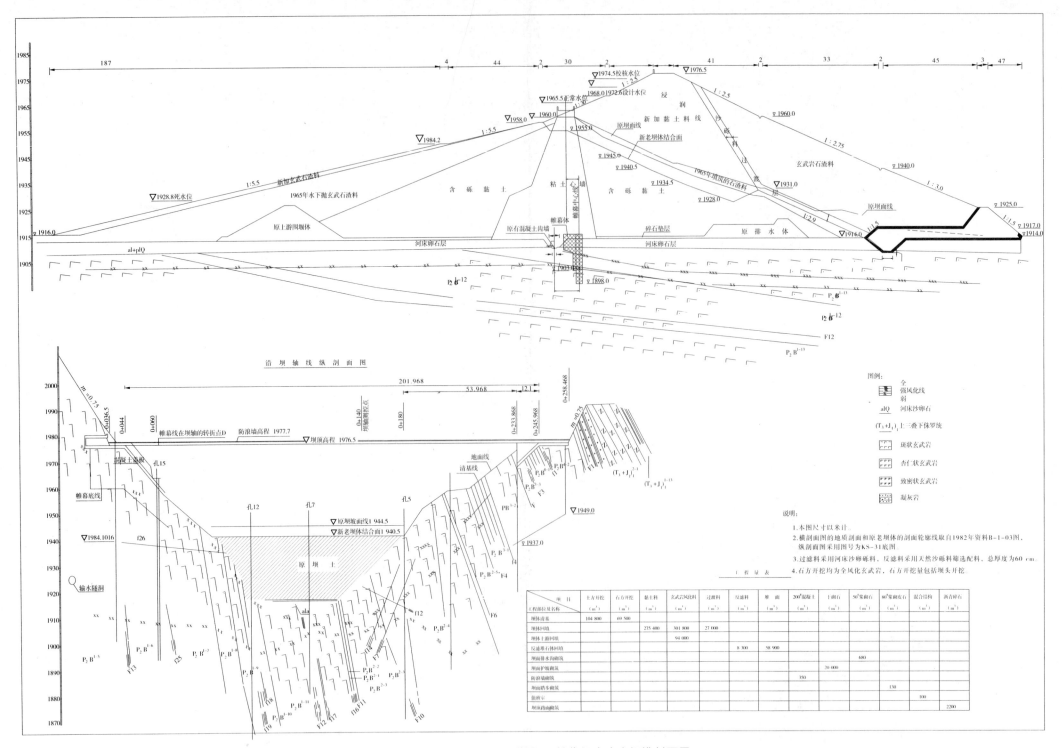

附图2　松华坝水库主坝横剖面图

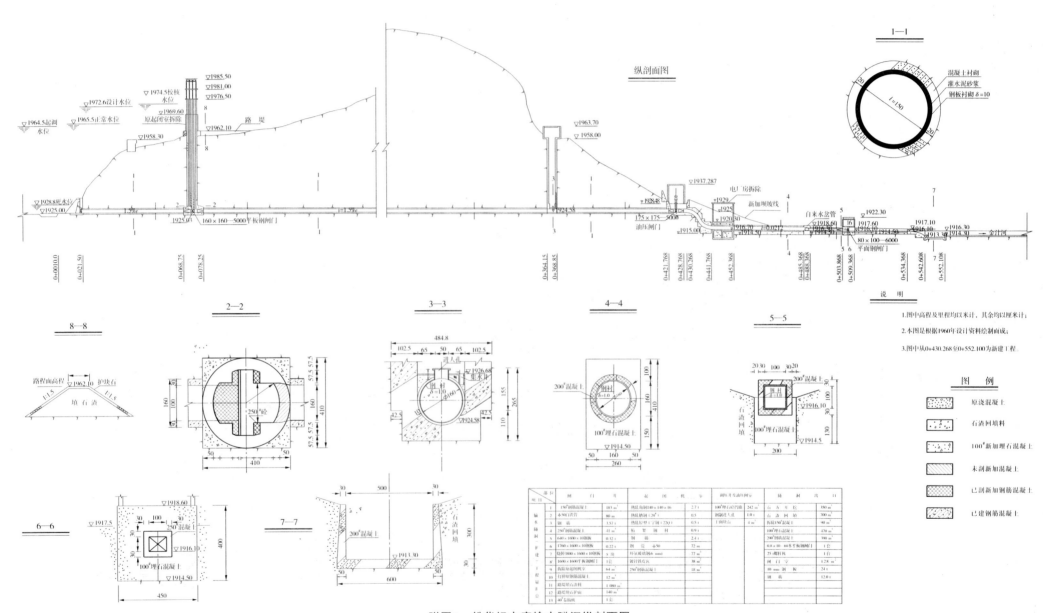

附图3　松华坝水库输水隧洞纵剖面图

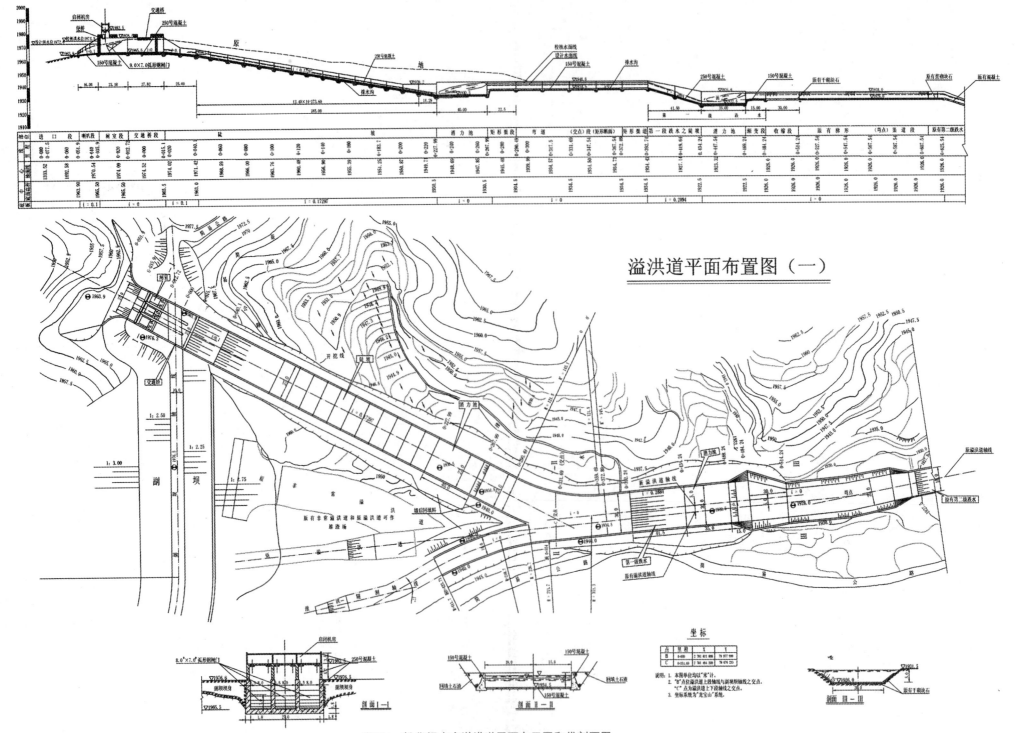

溢洪道平面布置图（一）

附图4　松华坝水库溢洪道平面布置图和纵剖面图

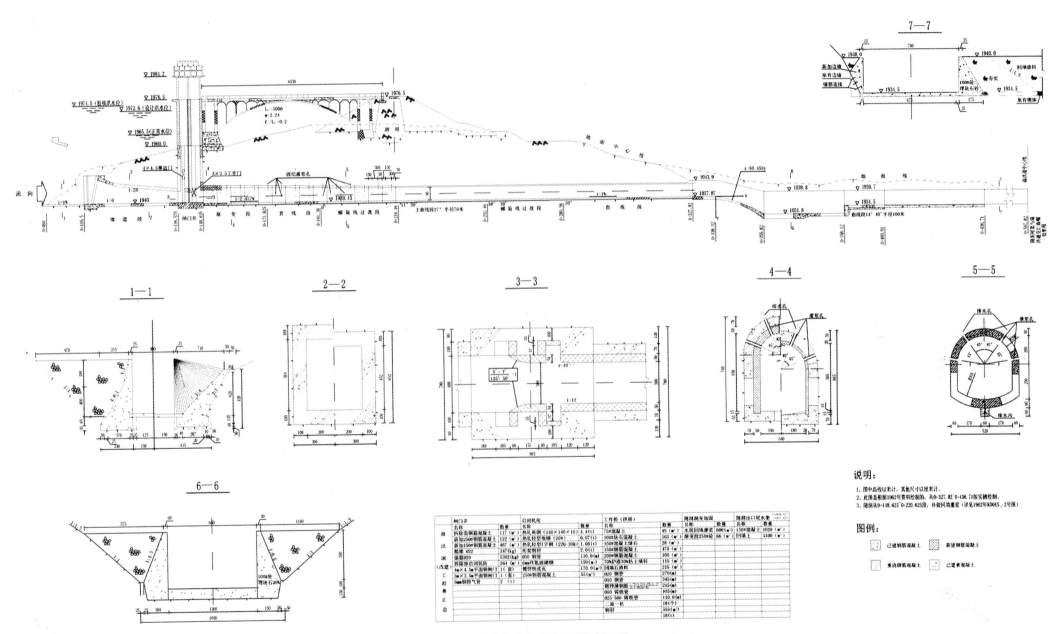

附图5 松华坝水库泄洪隧洞纵剖面图

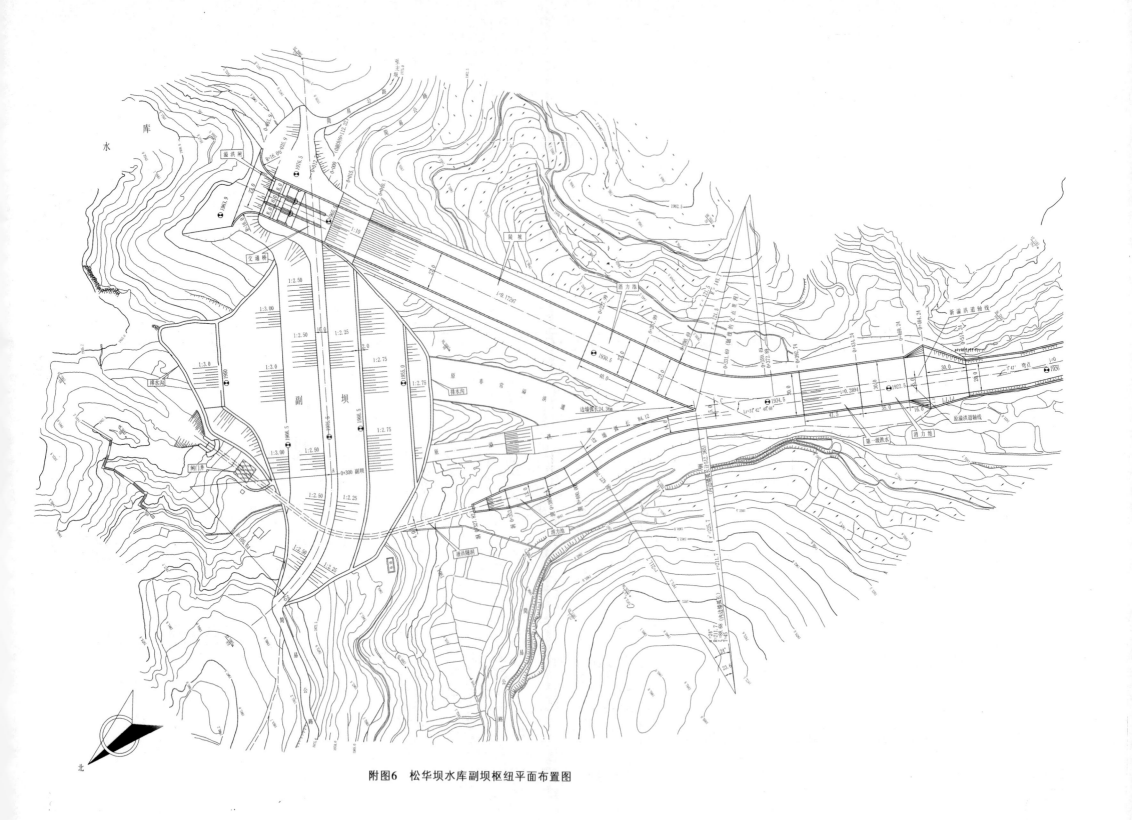

附图6 松华坝水库副坝枢纽平面布置图

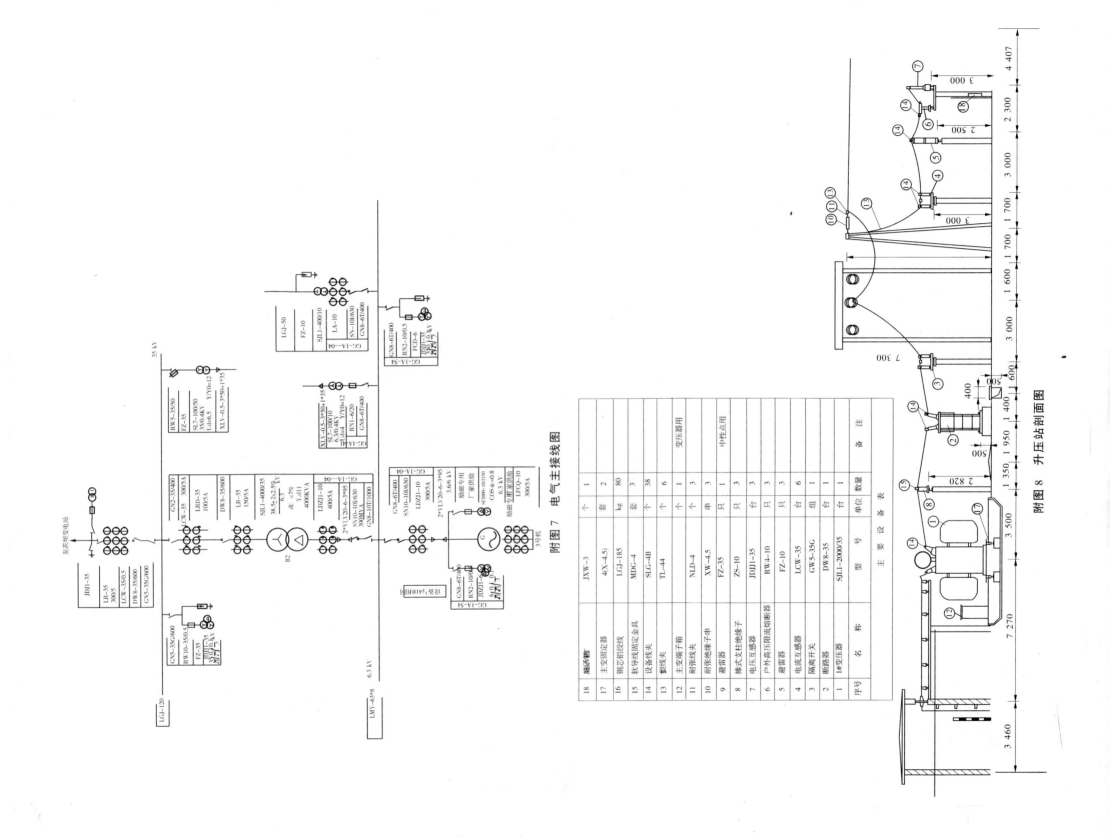

附图 7　电气主接线图

序号	名 称	型 号	数量	单位	备 注
18	熔断器箱	JXW-3	1	个	
17	主变固定器	4(X-4.5)	2	套	
16	铜芯铝绞线	LGJ-185	80	kg	
15	软导线固定金具	MDC-4	3	套	
14	设备线夹	SLG-4B	38	个	
13	割线夹	TL-44	6	个	
12	主变端子箱		1	个	变压器用
11	耐张线夹	NLD-4	3	个	
10	耐张绝缘子串	XW-4.5	3	串	中性点用
9	避雷器	FZ-35	1	只	
8	棒式支柱绝缘子	ZS-10	3	只	
7	电压互感器	JDJJ1-35	3	台	
6	户外高压限流熔断器	RW4-10	3	只	
5	避雷器	FZ-10	3	只	
4	电流互感器	LCW-35	6	台	
3	隔离开关	GW5-35G	1	组	
2	断路器	DW8-35	1	台	
1	1#变压器	SJL1-2000/35	1	台	

主 要 设 备 表

附图 8　升压站剖面图

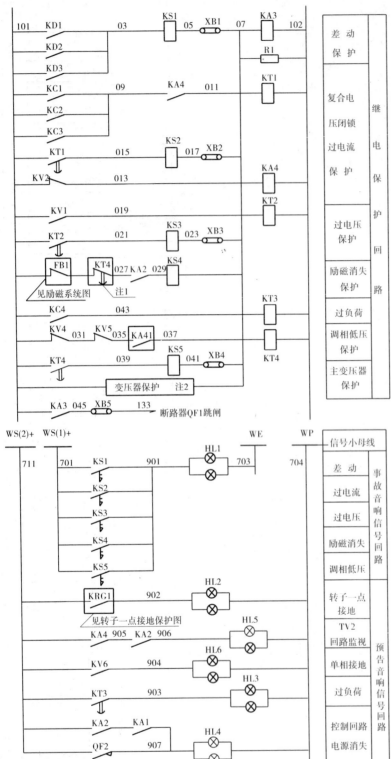

至发电机灭磁

至水机停机回路

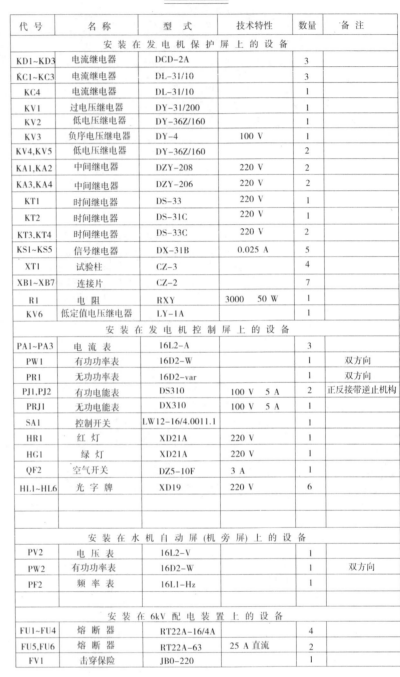

设 备 表

代 号	名 称	型 式	技术特性	数量	备 注
安 装 在 发 电 机 保 护 屏 上 的 设 备					
KD1~KD3	电流继电器	DCD-2A		3	
KC1~KC3	电流继电器	DL-31/10		3	
KC4	电流继电器	DL-31/10		1	
KV1	过电压继电器	DY-31/200		1	
KV2	低电压继电器	DY-36Z/160		1	
KV3	负序电压继电器	DY-4	100 V	1	
KV4,KV5	低电压继电器	DY-36Z/160		2	
KA1,KA2	中间继电器	DZY-208	220 V	2	
KA3,KA4	中间继电器	DZY-206	220 V	2	
KT1	时间继电器	DS-33	220 V	1	
KT2	时间继电器	DS-31C	220 V	1	
KT3,KT4	时间继电器	DS-33C	220 V	2	
KS1~KS5	信号继电器	DX-31B	0.025 A	5	
XT1	试验柱	CZ-3		4	
XB1~XB7	连接片	CZ-2		7	
R1	电阻	RXY	3000 50 W	1	
KV6	低定值电压继电器	LY-1A		1	
安 装 在 发 电 机 控 制 屏 上 的 设 备					
PA1~PA3	电流表	16L2-A		3	
PW1	有功功率表	16D2-W		1	双方向
PR1	无功功率表	16D2-var		1	双方向
PJ1,PJ2	有功电能表	DS310	100 V 5 A	2	正反接带逆止机构
PRJ1	无功电能表	DX310	100 V 5 A	1	
SA1	控制开关	LW12-16/4.0011.1		1	
HR1	红 灯	XD21A	220 V	1	
HG1	绿 灯	XD21A	220 V	1	
QF2	空气开关	DZ5-10F	3 A	1	
HL1~HL6	光 字 牌	XD19	220 V	6	
安 装 在 水 机 自 动 屏 (机 旁 屏) 上 的 设 备					
PV2	电压表	16L2-V		1	
PW2	有功功率表	16D2-W		1	双方向
PF2	频率表	16L1-Hz		1	
安 装 在 6kV 配 电 装 置 上 的 设 备					
FU1~FU4	熔断器	RT22A-16/4A		4	
FU5,FU6	熔断器	RT22A-63	25 A 直流	2	
FV1	击穿保险	JB0-220		1	

附图9　发电机保护展开图